青少年成长必读：人文科学知识丛书

天文的故事

彩图版

张 轩 ◎ 主编

天津出版传媒集团
天津科学技术出版社

图书在版编目（CIP）数据

天文的故事 / 张轩主编. —天津：天津科学技术出版社，2012.4（2019.6重印）

（青少年成长必读·人文科学知识丛书）

ISBN 978-7-5308-6916-1

Ⅰ.①天… Ⅱ.①张… Ⅲ.①天文学—青年读物②天文学—少年读物 Ⅳ.①Pl-49

中国版本图书馆CIP数据核字（2012）第064593号

天文的故事
TIANWEN DE GUSHI

责任编辑：郑　新

出　　版：	天津出版传媒集团
	天津科学技术出版社
地　　址：	天津市西康路35号
邮　　编：	300051
电　　话：	（022）23332674
网　　址：	www.tjkjcbs.com.cn
发　　行：	新华书店经销
印　　刷：	三河市燕春印务有限公司

开本 700×1000mm 1/16　印张 9　字数 150 000
2019年6月第1版第3次印刷
定价:29.80元

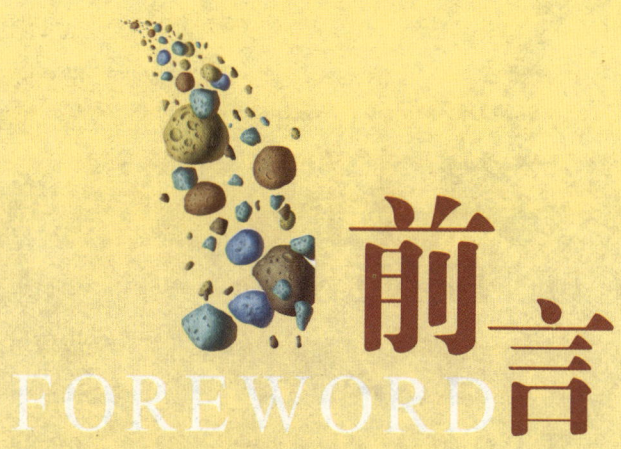

前言 FOREWORD

自古以来,人们就对自己头顶的星空充满了向往,无论是在神话之中,还是在传说故事中,还是在平凡的历史记录之中,几乎到处都有关于星空的记载和传说,这些故事和记录构成了古代天文学。近代天文学的兴起改变了人类对星空的看法,通过望远镜,我们发现了宇宙中存在着许多以前不为人知的天体和现象,这些现象足以让任何一个爱好天文的人吃惊。继而出现的现代天文学更是把人类的观测能力和关于宇宙的认识向前发展了一大步,星空不再是一个只有光明和黑暗的世界,而是一个色彩绚丽的世界,吸引着许多人来关注。

在编撰本书的时候,笔者尝试将枯燥的天文知识融汇进有趣的故事里面,让那些对天文现象感兴趣但是却不精通理论分析的读者也能够了解现代天文学辉煌的成果,领略宇宙天体的魅力和神秘。

目录 CONTENTS

- 宇宙的创生/ 6
- 宇宙的背景辐射/ 8
- 恒星的形成(一)/ 10
- 恒星的形成(二)/ 12
- 恒星的组成物质/ 14
- 恒星的命运/ 16
- 红超巨星和黄超巨星/ 18
- 心宿二/ 20
- 蓝超巨星/ 22
- 参宿七/ 24
- 变 星/ 26
- 新星和超新星/ 28
- 白矮星/ 30
- 天狼星伴星/ 32
- 中子星/ 34
- 夸克星/ 36

- 黑 洞/ 38
- 星 云/ 40
- 猎户座大星云/ 42
- 哑铃星云/ 44
- 蚂蚁星云/ 46
- 猫眼星云/ 48
- 玫瑰星云/ 50
- 沙漏星云/ 52
- 蝴蝶星云/ 54
- 蛋形星云/ 56
- 奇妙的宇宙/ 58
- 类星体/ 60
- 超光速幻象/ 62
- 磁星的磁场/ 64
- 伽马射线爆发/ 66
- 恒星联盟/ 68

- 双　星/ 70
- 英仙座的魔星/ 72
- 沃夫－瑞叶双星系统/ 74
- 蛇夫座 RS 星/ 76
- 聚　星/ 78
- 三合星/ 80
- 天空中的六合星/ 82
- 星　团/ 84
- 半人马座欧米伽星团/ 86
- M13 球状星团/ 88
- 疏散星团/ 90
- 星团的死亡/ 92
- 星系的形成和发展/ 94
- 螺旋星系/ 96
- 银河系/ 98
- 仙女座大星系/ 100
- 棒旋星系/ 102
- 不规则星系/ 104
- 麦哲伦星系/ 106
- 星系的碰撞/ 108
- 星系的吞食/ 110
- 星系的瓦解/ 112
- 星系团/ 114
- 室女座星系团/ 116
- 后发座星系团/ 118
- 武仙座星系团/ 120
- 太　阳/ 122
- 水　星/ 124
- 金　星/ 126
- 地　球/ 128
- 月　球/ 130
- 火　星/ 132
- 木　星/ 134
- 土　星/ 136
- 天王星/ 138
- 海王星/ 140
- 彗星/ 142

宇宙的创生

大约在 140 多亿年或更久以前，在一个奇怪的区域聚集了今天宇宙中所有的物质，这里完全不同于我们现在的这个宇宙，我们今天发现的所有物理规律在这个区域里都失去了作用，所以没有人知道这个区域在开始扩张以前是什么样子。在随后极短的时间里，这个蕴含巨大物质的区域失去了控制，发生了后来绝无仅有的大爆炸，开始扩张自己的范围，原始的宇宙在这个扩张过程中诞生了。

有的研究者认为像宇宙诞生前的状态的区域并不只有一个，而是有很多个，这样后来宇宙发生的一些事情就可以比较容易地解释了，像恒星的形成等。在爆炸的初期，宇宙中不存在我们现在已知的有质量的物质，充斥着整个宇宙的是各种能量很高的电磁辐射。在其后很短的时间里，随着扩张，宇宙具有了足够的空间，这样，那些能量大小合适的电磁辐射就开始转化为性质（一般认为是电荷属性）相反的粒子对，爆炸产生的能量使这些粒子向着远离爆炸区域的地方高速飞去。在扩张的时候，因为宇宙体积的增加，单位体积内的能量比原来减少了许多，宇宙整体的温度也开始急剧地下降，这促使更多的原始粒子出现，于是物质间的各种作用也开始出现了。最先出现的是伴随着有质量的微观粒子而生的引力作用，但是这个时候引力作用十分微弱，也有研究者认为当时的万有引力作用比现在要强大得多，但总而言之，引力对微观粒子的影响很小。在这个过程中宇宙中形成了中微子、电子和其他一些粒子及它们的反粒子。强相互作用、弱相互作用和电磁作用也开始出现。

这个时候，宇宙是一个充满了微观粒子的时空区域，它被人们形象地称为"煮锅"，在这个不断扩大的锅里翻滚着由光子、电子、中微子和它们的反粒子组成的滚烫的热流，其

◆ **奇怪的中微子**

微观粒子和它们的反粒子会发生湮灭作用，成为一对光子，但是中微子却是一个例外。中微子不像其他粒子那样，它虽然也有反粒子，但是它却有一个特殊的本领，就是极少和其他粒子进行相互作用，即使它们离得足够近，科学家们把这种作用称为弱相互作用。在弱相互作用中一般都有中微子的身影，并入中子在衰变为质子和电子的时候就会产生中微子。中微子对宇宙非常重要，它的质量决定着宇宙的命运。

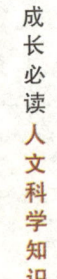

美国贝尔电话实验室的阿诺·彭齐亚斯和罗伯特·威尔逊。

宇宙的扩张看来是不可阻挡的，至少在宇宙诞生后30多万年的时候是如此，当时宇宙的温度已经降低到几千度，宇宙背景辐射也是以红光辐射为主，这个时期宇宙处于绯红时期。从这个时期开始，大量的氢开始出现在宇宙中，这些氢成为恒星形成和维持的主要物质来源。

这个时候的宇宙开始产生分化，一些区域因为物质密集而能够维持自己的温度，并产生强大的万有引力，在万有引力的作用下，这个区域开始收缩。在收缩的时候，物质的运动变得剧烈起来，因此温度也增加了，相应的辐射能力也增强了；在那些物质稀疏的区域里没有什么力量能使粒子停留住，因此这里的粒子会越来越少，相应的温度也降低了，辐射也降低了。但是这些都不会对宇宙背景辐射产生影响，因为宇宙背景辐射是一种广泛存在于宇宙之中的存在，而且自从恒星开始发光以后，背景辐射频率已经很低了，恒星所发出的辐射无法改变背景辐射。即使在没有物质粒子存在的地方，宇宙背景辐射依然稳定地存在，不会因为区域的改变而发生变化。

现在宇宙背景辐射已经降到了微波区，它对应于波长大约7.35毫米的微波，等效温度是2.7K，即只比绝对零度高2.7K，而对由大量原子组成的物体来说，在理论上是不可能达到绝对零度的。

◆ 宇宙背景辐射的发现

早在20世纪30年代伽莫夫提出宇宙大爆炸理论的时候，就预测宇宙中存在大约5K的背景辐射，但是这项工作在当时没有受到关注。在1964年，工程师彭齐亚斯和威尔逊在调试天线的时候，偶然发现一个电磁噪音，无论他们如何努力，都无法消除这个噪音。后来他们发现这个噪音普遍而稳定地存在于宇宙之中，他们的发现被发表以后，立刻就被人们证实。宇宙微波背景辐射成为支持宇宙大爆炸的最有力的证据之一。

恒星的形成（一）

接下来大自然向我们展示了它伟大而神奇的创造能力，它要在虚无缥缈的空间中创造出许多点缀宇宙的明亮光源，虽然这个制造过程会花费很多时间，但是它最终还是开始了。宇宙温度的降低为氢分子云形成星云创造了机会，温度的降低意味着氢分子移动速度减少了，而向不同方向运动的氢分子相遇，形成一个聚集区。这个区域可不是一个瓶子，它覆盖的范围超出人们的想象，在氢分子大量聚集的区域里逐渐形成了气团。这个时候，万有引力的作用开始表现出来，在一块气团的中心，或者是多个质量中心，因为这里的气团更加密集，所以这里的万有引力也比其他地方强，于是氢分子向着质量中心移动。

现在的理论显示：氢分子云是以螺旋的方式向着质量中心移动的，因为氢分子在移动的时候会互相撞击，这样它们的运动方向就会发生改变。而在万有引力的作用下氢分子不得不向着中心移动，这样它们就以螺旋线的方式向着质量中心移动，大量氢分子云都以这样的方式运动，于是就在质量中心之外形成一个旋涡。

制造恒星是一个辛苦的工作，它不仅要有合适的物质条件，还要花费巨大的时间，幸好对宇宙来说，时间是足够的。现在人们认为恒星是在宇宙创生70亿年后开始大量形成的，但

一片正在形成年轻恒星的广阔区域。巨大的星云、数千颗恒星、强烈的星风构成了无比壮观的景色。图像中心附近的一片亮蓝色为R136，那里是新生的恒星集中的地带。

N11B 是 N11 星云的一部分，它的大小大约有 100 光年而且特别活跃。天文学家研究 N11B 内的恒星，发现它实际发生过三次恒星诞生活动。在影像的右上角，可以看见包着即将诞生出恒星的黝黑、结实的尘埃球。

是一些科学家根据新的观测，提出宇宙中第一批恒星在宇宙诞生 20 亿年后就出现了。直到今天，人们对恒星的起源时间仍然有争论，但是有一点是确定的：恒星的诞生是必然的，每一个能感受到阳光的人都会认为这是天经地义的事实。

对"活着的"恒星来说，它们最大的特征就是向宇宙空间中不断地发出辐射，这些辐射就包括着可见光，因此，恒星是照亮宇宙世界的明灯。恒星既然要发光，那么它的温度就必须达到一定高度，这样会消耗很多能量，这些能量来自于恒星上物质的燃烧。氢是组成恒星的主要物质，它就是恒星燃烧的燃料，它们用核子合成的方式来产生强大的能量，维持恒星的温度。当一个氢原子核和另外一个氢原子核融合在一起的时候，它们的质量就会减少，消失的质量转化为能量，这些能量一般以电磁辐射的方式传播。初始的电磁辐射能量很大，但是经过多次吸收和转化以后，它会变为几种能量更小的电磁辐射，或者变为促使粒子加快运动的能量，成为粒子的一部分。合成反应并不是随时都可以发生的，它需要苛刻的条件，不然我们的地球就有大麻烦了，如果地球上的水中含有的氢发生聚变，就会在一瞬间把地球摧毁。

以上所说的是一颗恒星形成所需要的条件，如果这些条件得到了满足，那么一颗恒星的诞生也就几乎成为必然了，形成恒星的物质中还包括许多其他物质，但是以目前的观测来看，这些物质在原始恒星中占有的比例非常小。

◆ 星际分子的发现

宇宙大爆炸学说认为在宇宙存在氢分子和其他分子，它们因为某一些原因没有成为恒星的一部分，所以只好游离在宇宙空间中，形成星际分子。在 20 世纪 60 年代，天文学家们在分析星体传来的辐射的时候，发现了一些奇怪的辐射，经过研究，发现这些辐射正是由飘散在星际间的分子发出的。这样，许多原来不解的现象得到了合理的解释，所以星际分子的发现成为 20 世纪天文学四大发现之一，也成为大爆炸学说的一个有力的证据。

恒星的形成（二）

在万有引力的作用下，氢分子云进一步向质量中心坍缩，质量中心的物质也变得更加密集，质量也增加了，狂暴的气体剧烈地运动着，在运动中互相撞击，也许有一些氢分子已经开始合成更重的元素——氦。但是这个时候还不行，因为合成反应需要合成物质足够密集，这样问题就转化为恒星内部的压强上，只要压强足够，氢分子的聚变反应就会被启动。

引力坍缩最终在气团的内部造就了一个原始的恒星，而随着越来越多的物质附着在原始恒星上，恒星上产生了剧烈的变化，恒星内部也在发生剧烈的变化，氢分子运动的速度越来越大，原始恒星内部也越来越热。当恒星内部温度达到上千万度的时候，此时氢分子的数目也足够多，于是聚变反应启动了。随着剧烈的爆炸，一个新恒星在宇宙中诞生了，大自然也完成了它的又一个杰作。在地球上，我们可以很安全地利用太阳光，但是太阳不用考虑安全问题，它尽情地燃烧自己的组成物质，释放出大量的辐射，其他类似的恒星都是

这团正在分娩的尘埃和气体云气，将来会产生三个大质量恒星，这张红外光影像记录了宇宙中恒星诞生的征兆。

如此。早期的恒星发射出更多的辐射，它们的聚合反应使自己核心的温度猛增，也许高达上亿度，恒星表面的温度也非常地高，有数10万度，因为这个时候的恒星体积很小，热量也更容易传达到表面。

这些发出明亮的蓝色光的恒星在宇宙中展示着自己作为继宇宙大爆炸后大自然的又一杰作的自豪和骄傲，它们的温度达到了宇宙诞生初期时的水平，发出的亮光使宇宙不再那么昏暗，灿烂的夜空在那个时候就开始形成了。

在这张庞大的银河星云 NGC 3603 的美丽图片中，哈勃望远镜一次性抓拍了恒星生命周期中的各个不同阶段。

第一批恒星的诞生改变了宇宙的面貌，它们温度非常高，以至于自己内部许多粒子都无法忍受这样的高温，都以很快的速度逃离这个炼狱般的世界。逃离出来的粒子急速地冲向宇宙空间，它们的行为改变了恒星周围的物质分布，高速运动的粒子使恒星周围物质加速，逃离恒星的引力范围，使恒星周围成为星际气体的禁区。与此同时，恒星释放的电磁辐射已经使许多气体分子从自己周围逃跑了，也就是说，一颗开始燃烧的恒星很难再吸收星际气体，它的质量也因为燃烧而不断地下降。不过因为恒星的质量一般都非常大，而恒星每年损失的质量非常地小，所以恒星可以存在很长时间，一颗像太阳那样的恒星可以存在100多亿年。

恒星的形成只是宇宙发展中一个必然的过程，它不是终结，大自然显然不愿意停止自己创造的脚步，它继续向前走，宇宙继续向前发展。在相互吸引的作用下，恒星之间也产生了联系，这种联系使它们走到一起，构成了更加复杂的天体。

这个时候，宇宙成为一个舞台，在这个舞台上，恒星们上演了一场宏伟巨大的表演，这个表演有开始，但是没有人知道它会不会谢幕。

◆ **失败的恒星**

就现在的观察结果，我们不得不承认大自然也有犯"错误"的时候。一些恒星运气不太好，它们能够产生足够的引力来吸引物质，形成自己，但是它们所处区域的物质太少了，以至于这些恒星没有能力点燃聚变火焰。所以它们成了另类恒星，不发光的恒星，这些恒星被称为褐矮星，也被称为失败的恒星。

恒星的组成物质

19世纪中期,科学技术取得了一些进展,人们对宇宙的认识也得到了很大的进步。他们已经认识到太阳是一个巨大的、温度极高的火球,任何靠近的物体都会在一瞬间被熔化,因此当时很多人相信"人类永远也不可能知道太阳是由什么组成的"。实际上不要说那个时候,就是现在,人类都没有登上太阳的能力和技术,在未来很可能也是如此,如果不是太阳发出的光送来了自己的组成物质的信息,也许我们真的永远都不会知道太阳是由什么物质组成的。

每一种元素的原子,只要它在运动,都可以发出电磁辐射,很多元素的原子在变动的时候都会发出可见光。但是一种元素只能发出一种或者几种特定的可见光,如果某一种频率的可见光只能由特定的元素原子发出,那么这个频率的光称为这种元素的特征谱线,相应的这些原子也会吸收特征谱线,在连续光谱上留下暗条。

19世纪中期以后,一些科学家在拍摄日食时,日冕发出的光谱线的时候,发现其中存在一些暗条,显然这是因为太阳发出的特定的光被一些元素吸收而造成的。他们根据这个发现,找到了一些组成太阳的元素。现在人们发现氦是宇宙中含量第二多的元素,但是在地球空气中氦的含量非常低,以至于人们很久都没有发现。通过分析太阳光谱,人们发现一条以前没有见过的吸收谱线,这代表着一种新元素,这种

行星状星云 NGC 6302 的中心有一颗极端炽热的中心星,表面温度高达 25 万摄氏度,因此会发出强烈的紫外光。此图这颗中心星被一个环状的致密尘埃云挡住了,所以看不到它。在这颗炽热恒星周围的尘埃云气里,天文学家侦测到水冰以及各种复杂的碳氢化合物。

元素就被称为氦，但是没有得到科学界的承认。过了很长的时间以后，化学家才从空气中分离出单质氦，证明了这种元素的存在，这下人们才相信太阳也是由元素组成的，这些元素在地球上就有。

除了太阳以外，其他恒星也可以发出可见光，这些可见光也揭示了它们的组成物质，现在这种利用光谱分析星体成分已经成为天文探索中常用的手段。利用光谱，科学家们发现太阳中存在大量的氢元素和氦元素，同时还有碳、氧、氮和更重的元素原子。这样，人类不用登上太阳，就可以知道太阳是由什么组成的，虽然现在这些也许只是初步的了解，但是毕竟开创了一条正确的探索道路。

恒星也一样，它们表面的组成物质也会吸收特定的光线，在恒星光谱上留下暗条，这样就可以通过分析恒星光谱来判断恒星的组成物质。恒星处于不同的年龄，它们的组成物质也有不同，年轻的恒星含有更多的氢，而且它们的重元素含量也比老年恒星多，这样人们就可以通过分析恒星元素含量来推测恒星的年龄，这也是推测恒星年龄的一个重要的方法。

恒星的组成元素虽然和地球上的差不多，但是因为恒星特殊的性质，其上的物质状态非常复杂，不能把上面的物质与地球上类似的物质等同起来，比如太阳表面物质和地球上的岩浆。

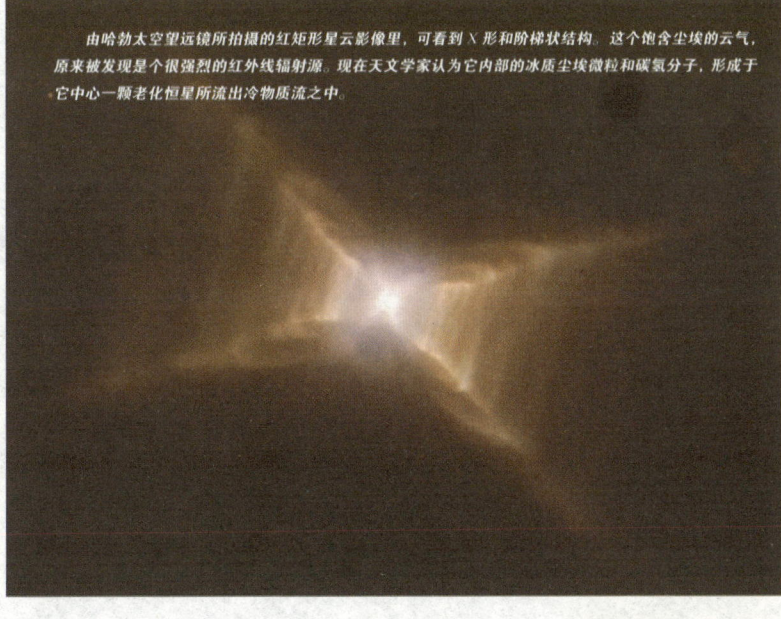
由哈勃太空望远镜所拍摄的红矩形星云影像里，可看到 X 形和阶梯状结构。这个饱含尘埃的云气，原来被发现是个很强烈的红外线辐射源。现在天文学家认为它内部的冰质尘埃微粒和碳氢分子，形成于它中心一颗老化恒星所流出冷物质流之中。

◆ 重元素的诞生

所有超氢元素的原子核都是由中子和核子构成的，超氢元素也是在合成反应中诞生的。氢可以通过聚变成为氦，只要条件合适，氦也可以发生合成反应，生成更重的元素，这样持续下去，就会有更重的元素产生。那些原子量很大的元素很难合成，但是一些质量比较大的恒星可以完成这个任务，并把一部分重元素抛洒到空间中，或者在超新星爆炸中把这些重元素抛散到空间中，成为宇宙尘埃或者其他新恒星的组成部分。

恒星的命运

就人类目前的认识，我们知道大自然喜欢对称性，它创造出一种事物，那么这种事物在某种程度上总存在着对立的一面，既然恒星有诞生，那么它们也会死亡。这并不是说恒星诞生就是为了死亡，在漫长的生命周期里，它们会经历许多变化，这些变化是如此绚丽多彩，以至于我们情不自禁地想要了解它们，了解它们的命运。

像人一样，恒星也有自己的婴儿期，这个时候恒星刚刚诞生，它们具有许多属性。恒星的形成需要许多物质，这些物质都是来自宇宙空间，而这些物质中有许多来自那些成年恒星释放的重元素，所以新生的恒星中重元素的含量非常高。婴儿期的恒星体积很小，但是质量却很大，而且氢的含量更多，所以它的温度也非常地高，其表面的物质分子的运动速度也相应很高。现在，在一些演化到后期的星云中经常可以发现那些新生的恒星。

恒星不断地燃烧着自己，向宇宙空间中发散光芒和物质，在这个过程中，它们自己的质量也在不断地减小，伴随着质量的减小，自身的引力也在减小，辐射能量的能力也在减小，唯一增大的就是它的身体了。在恒星成长的时候，因为引力

恒星的一生：(1)分子云中比较浓缩的部分开始瓦解；(2)它逐渐形成一个旋转的圆盘，其中心区域更加浓缩，更为炽热；(3)一颗恒星发热燃烧并释放喷射物质；(4)恒星越来越热，越来越亮；(5)接着，核反应开始，直至死亡。

的缩小，它的体积也在逐渐扩大，表面的温度也在降低，这个时候的恒星表面温度在2万摄氏度左右，散发的辐射区偏蓝，因此这个时候的恒星看起来是蓝色或者蓝白色。这一段时期是恒星的蓝色少年时期。

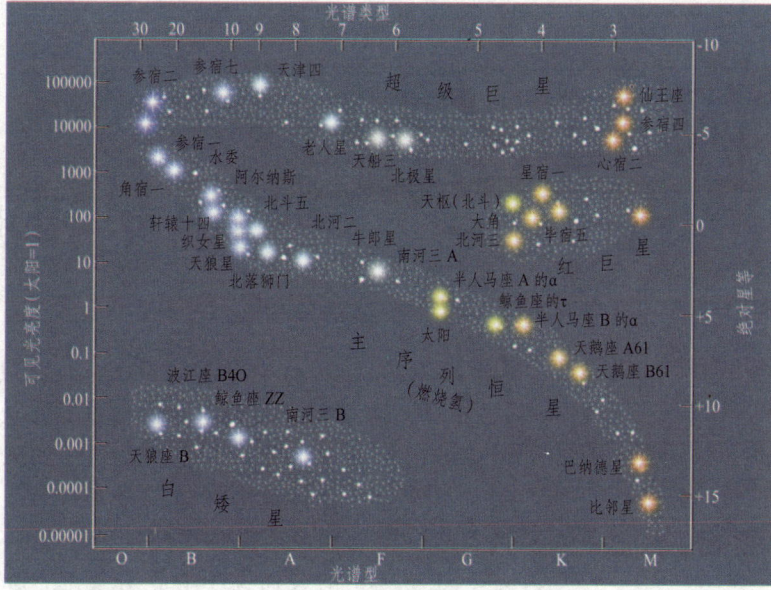

赫罗图

随着恒星释放出明亮的白色光，它也步入了青年时期，这个时候恒星的辐射区主要集中在绿光区，但是因为绿光容易被吸收和分解，与恒星上的物质释放的其他不同颜色的光混合在一起，使整个恒星变成了一个散发白光的物体。恒星的青少年时期属于恒星的主序星时期，这个时期的恒星体积增长得比较缓慢，这是因为星核的引力比较强大，使恒星表面难以迅速扩大。

当恒星发出黄色光的时候，它们表面的温度就降低到8 000摄氏度以下，和以前相比，它更加庞大了，这个时候恒星进入了金黄色的壮年时期，这个时期的恒星依旧是主序星时期。对于像太阳这样的恒星，主序星时期大约持续70多亿年，也就是说恒星的大部分时期都出现于主序星时期。处于青少年时期的恒星也可能会经历体积收缩的情况，而处于壮年时期的恒星能稳定地辐射能量，自身的体积也在稳定地增长，向着生命的末期——巨星阶段不可逆转地增长。

巨星是恒星生命的最后阶段，这个时候恒星的核心已经彻底丧失了对外部物质的束缚，因此恒星的体积也在急剧地膨胀。一般来说，这个时候的恒星表面温度只有2 000多摄氏度，散发出红色光，但是因为它们体积庞大，所以它在宇宙中更容易被观察到。像太阳这样的恒星在生命的最后阶段会变成红超巨星，体积增大了10多亿倍，有一些巨星因为质量比较大，最后可能会转化为黄超巨星或者蓝超巨星。

◆ **如何区别恒星年龄**

在现代天文学得到快速发展以后，恒星研究成了天文学一个十分重要的研究领域，为了区分不同的恒星，科学家们绘制了一幅表示不同阶段的恒星特征的图，这种图被称为赫罗图。利用赫罗图，我们可以初步判断一颗恒星所处的时期和它们表面的温度。

红超巨星和黄超巨星

当一颗恒星度过了漫长的主序星阶段以后，它就会变成巨星，质量和太阳差不多的恒星在步入巨星阶段后，它们的表面因为颜色降低，会呈现红色。如果它们的体积足够庞大，那么它们就被称为红超巨星，有时候一些颜色有些偏黄的黄超巨星也被误当作是红超巨星。

红超巨星的表面离中心十分遥远，如果我们的太阳变成一颗红超巨星，那么它的半径会和地球到太阳的距离一样，也就是说，太阳最终有可能吞噬地球，不过这要等到数10亿年以后。有一些红超巨星的半径更大，如果把红超巨星参宿四（猎户座阿尔法星）放到太阳的位置，那么它的半径足以使它吞噬木星。

红超巨星是夜晚星空中耀眼的明星，在全天最亮的众星中，有许多都是红超巨星。红超巨星表面的温度并不高，但是它们的表面积却非常巨大，这样它们在相同时间内发出的光的数目也就多，我们的眼睛也能接收到更多来自红超巨星的光，所以觉得红超巨星非常明亮。目前最大的红超巨星是位于仙王座的造父四，即仙王座米犹星，它的半径约是太阳的3 700倍，也就是说造父四的体积约是太阳的506亿倍。

红超巨星的形成也有条件，质量太小的恒星无法形成红超巨星，同样质量过大的恒星也难以形成红超巨星，现在科学家认为那些质量超

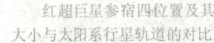

红超巨星参宿四位置及其大小与太阳系行星轨道的对比

白箭头所指为红超巨星心宿二，蓝箭头是 M4 球状星团

过太阳3倍和那些质量不足三分之一太阳质量的恒星都无法形成红超巨星。质量太小的恒星会很快在新星爆发中死亡，而质量太大的恒星因为活动复杂，可能形成蓝超巨星，也可能只存在几百万年的时间就踏入死亡。

　　黄超巨星的表面温度要比红超巨星高许多，它们的体积也十分庞大，在夜空中最出名的黄超巨星就是仙后座ρ星，黄超巨星在星空中本来就很少，而仙后座ρ星更是罕见。仙后座ρ星的表面温度在3 500~7 000 摄氏度之间，辐射频率区主要在橘黄或者黄色区，它虽然距离地球约有10 000光年远，但是在天气状况不错的时候，人们凭借肉眼就可以看见这颗散发黄色光芒的恒星。仙后座ρ星的亮度约是太阳的50万倍，它的质量非常大，所以演化的速度也非常快，它的寿命据估计只有几千万年。

　　黄超巨星一般都不稳定，它们处于生命的末期，恒星脉动也十分剧烈，不断地扩大，又开始收缩，然后再扩大，再收缩，这样的过程反复进行，脉动持续的时间与恒星的质量大小有关。虽然黄超巨星的体积有时候会收缩，但是总体上来说它的体积是在增大，当这种动态平衡被打破的时候，黄超巨星的生命也走到了尽头。

　　红超巨星和黄超巨星的运动吸引着人类的注意，现在天文学家们通过研究这两种星体的变化来推测宇宙的演化进程，虽然现在还有很多关于超巨星的不解之谜，但是已经被揭示出来的秘密可以帮助人类进一步了解它们的变化。

◆ 恒星脉动

　　大质量恒星在晚年的运动十分复杂，这些恒星的内核进行着不一样的合成反应，这样它们内部的压力也时大时小。当它们内部的压强减小的时候，外层的物质在万有引力的作用下向内坍缩，于是恒星的体积减小；而随着坍缩，恒星内部压力变大，于是新的合成反应被启动，恒星内部压强急剧增加，于是外层物质又向外扩散，这样恒星的体积又开始增加。这种运动被称为恒星体积脉动。

心宿二

在天蝎座有一颗十分明亮的恒星,我们叫它心宿二,它的通称是天蝎座阿尔法星(天蝎座α),是夏季星空中最亮的恒星之一。这颗明亮的一等恒星和其他四颗亮度很高的恒星构成了天蝎座的主体,天蝎座也成为星空中最容易辨认的星座之一。心宿二是一颗散发出火红光芒的红超巨星,因为这样,人们总是把它和火星联系起来。在古代中国,心宿二也被叫做大火星,它的出现也标示着炎热的夏季统治着大地,而它的消失也预示着天气转冷,因此有"七月流火"一说。心宿二在古代中国星图中的位置十分特殊,当火星在天球上的投影接近心宿二的时候,就会形成一种被称为"荧惑守心"的天文现象,因为缺乏科学知识,古人不能正确地理解这种现

> 心宿二是天蝎座的最亮恒星,也是夜空最红的星星,其直径比太阳大600倍。

象，因此认为它是不祥的征兆，预示着灾难即将发生，而实际上这种天象与人类生活并没有明显的联系。

在西方，心宿二的名称是安特瑞斯，意思就是"火星的对手"，实际上火星并不发光，而只是反射太阳的光，但是因为它离我们的地球比较近，而且表面大多是红色的碎石，所以在我们看来，火星是红色的。作为一颗恒星，心宿二可比火星明亮得多了，前提是它离我们更近的话。心宿二离地球大约有424光年，尽管如此，它的视星等还是达到了一等以内，这样它的发光度还要比太阳强大数10万倍。

心宿二是天蝎座的最亮恒星，也是夜空最红的星星，其直径比太阳大600倍。上图中大片亮云背景是银河。

心宿二的质量可比我们的太阳大得多了，据估计，它的质量约是太阳的25倍，但是它演化到了后期，半径约是太阳的600多倍，这样的半径使它内部热量的传递效率大大减小，所以它的表面温度比太阳要低得多，只有3 000多摄氏度。在这样的表面温度下，心宿二表面的辐射频率集中在红色区，因此在地球上的人类看来，心宿二成为一个散发着血红色的明亮恒星，而近代和现代的天文观测更指出它是一颗红超巨星。

一个体积相当于2亿个太阳的恒星的确算得上是恒星世界中的大个子了，心宿二就是这样的大个子，它的内部物质的合成反应释放出巨大的能量，产生巨大的压强，使自己的外层物质不断地逃离核心，直到现在，心宿二还在扩大自己的体积。心宿二的体积扩张也不是无限的，它的扩张只是意味着辉煌的葬礼的临近，也许再经过数亿年，心宿二的恒星核就再也不能束缚住自己表面的物质，这样它的死亡也就不可避免地降临了。

在心宿二的旁边有一颗较暗的恒星，这是一颗蓝矮星，它和心宿二组成了一对目视双星，也就是说它们只是看起来离得很近，实际上蓝矮星伴星需要花费数千年的时间才绕心宿二旋转一周。因为这样的原因，心宿二的亮度变化与它的蓝矮星伴星的关系不大，它的亮度也会变化，只不过是因为其他的原因。

◆ 视星等

在古代西方，天文学家们为了区分恒星的亮度，给可以看见的恒星都编上了星等，来定量地描述恒星的明亮程度。在这种规定下，天空中最亮的星（太阳和月亮不算）就成为一等星，而最暗的星成为六等星。随着望远镜的出现，人类发现许多以前根本看不见的星星，于是星等也顺延下去，出现了亮度在七等以下的星。

21

蓝超巨星

　　当我们仰望星空的时候，经常会看见一些明亮的散发蓝色星光的恒星，这些恒星犹如明亮的蓝宝石一样点缀着黝黑的星空。在猎户座里，代表奥瑞恩挂在腰间佩带上的宝石的三颗明亮恒星就是蓝超巨星。除了这三颗恒星以外，星空中还有很多明亮的恒星是蓝超巨星，在全天最亮的恒星当中，排在前面的几乎都是蓝超巨星。不像黄超巨星，蓝超巨星的数量很多，它们的踪迹也遍布宇宙之间，也就是说，蓝超巨星在星空中是普遍存在的。

　　和红超巨星一样，蓝超巨星也是处于生命末期的恒星，虽然它们的颜色使它们看起来像是一颗新生的恒星。蓝超巨星的质量很大，而且就观察而言，它们内部的物质合成反应应该要剧烈得多，这样才能维持自己表面的温度。目前我们还不了解蓝超巨星内部的反应机理，对此许多科学家提出不同的说法，比如恒星融合说认为蓝超巨星是红巨星融合以后产生的；还有一种理论认为蓝超巨星是红超巨星吹散外壳后形成的。但是这些理论并不严谨，而且有许多漏洞，目前人类只能通过天文观察来了解蓝超巨星的性质。

　　以猎户座的蓝超巨星为例，这三颗蓝超巨星都散发出非常

被称为猎人腰带的这三颗蓝超巨星参宿一、参宿二及参宿三，温度和质量比太阳高，距离我们约有1 500光年，都是从猎户座内被研究很透彻的星际星云里诞生出来的。

明亮的星光，人类对它们也十分感兴趣，古代西方人认为它们是奥瑞恩宝剑上的三颗璀璨夺目的宝石，而古代中国人认为这三颗星是"福""寿"和"禄"的代表，祝福语"三星高照"中的三星就是指这三颗星。从左至右，这三颗星在古代中国天文记录上分别被称为参宿

蓝超巨星天津四的半径比太阳大1000倍，天津四绝对星等比太阳大了10多万倍，天津四与我们地球的距离大约为1500多光年。

一、参宿二和参宿三，现在则被称为猎户座δ、猎户座ε和猎户座ζ。它们离地球有上千光年远，如果把太阳放到那么远的地方，那我们只能借助大型望远镜才能勉强看见太阳，但是这三颗星却能被人们用肉眼清晰地看见，它们的发光能力该有多么强大啊！

参宿一、参宿二和参宿三表面的温度都在数万摄氏度，比太阳高许多倍，而它们的质量据估计也比太阳要大得多，这样它们才能维持自己的亮度。当然即使它们的质量小一点，成为超红巨星，它们也可能是天空中明亮的恒星，但是很可能会比现在暗淡一些。

星空中另外一颗著名的蓝超巨星是天津四，一颗位于天鹅座星团内的蓝白超巨星，即天鹅座阿尔法星，它距离地球约有1740光年。天津四的绝对星等是-7.2，而太阳是4.73，这样它的发光度是太阳的6万多倍，如果把它放在太阳的位置上，那么海王星的白天不再是昏暗的，而是达到现在的地球这样的程度。

最著名的蓝超巨星是一个编号为Sk-69202的恒星，它是人类观测到的第一个发生超新星（1987A超新星）爆炸的蓝超巨星，它为我们提供了蓝超巨星演化进程的非常重要的资料。

◆ **绝对视星等**

很多恒星的发光能力都要比太阳强得多，但是因为它们与地球的距离太远，所以看起来十分灰暗。这样它们的视星等显然不能正确地反映它们的发光强度，于是天文学家们制定了绝对视星等，其星等取决于恒星在相同距离内的发光强度。即把所有的恒星放置在距离我们大约32.6光年的地方，来划定它们的星等，这就是绝对视星等。

参宿七

参宿七就是猎户座β星，它是全天第七亮的恒星，也是最亮的蓝超巨星，它的目视星等接近零等，虽然它的亮度会周期性变化，但是变化范围非常的小，直接用肉眼是难以观测的。虽然人类研究恒星不是一天了，但是直到现在科学家们还不十分清楚这类超巨星亮度产生变化的规律和原因，也许还需要更多的观测资料才行。

在猎户座里，参宿七位于古希腊神话中的猎人奥瑞恩的左脚上，虽然参宿七是猎户座贝塔星（即第二亮的星），但是有时候它的亮度会增加，并超过阿尔法星，成为猎户座最亮的恒星。参宿七的发光能力是太阳的40 000倍，因此，虽然它距离地球有775光年，但它的星光在穿越了这么长的距离到达我们的眼睛以后，仍使我们看见这颗高悬天宇的美丽而又明亮的蓝色恒星。

蓝超巨星能够发出蓝色的光芒，这是因为它的表面的温度达到11 000K，是太阳表面温度的两倍，这样它表面的辐射区集中在蓝白色光区，使它发出蓝白色光，与猎户座腰带上的参宿一、参宿二和参宿三交相辉映，美不胜收。如果在把那些看不见的紫外线辐射考虑进去，那么参宿七的辐射强度就达到了太阳的66 000倍。

参宿七还有一颗伴星，它还算明亮，在正常情况下即使用小型的望眼镜也可以看见，但是它出现在一个不那么"正常"的位置，因为它呆在了星空第七亮的恒星旁边，而且距离又很近，所以这颗伴星被

参宿七是蓝色超巨星，0.2等，是猎户座最亮的恒星，全天第7亮星，距离地球约770光年。

参宿七是很亮的星,大约相当于 60 000 个太阳的亮度,距离大约 900 光年。

参宿七那明亮的光辉所淹没,长久以来都没有被人类发现。参宿七的伴星离主星的距离至少是冥王星与太阳距离的 50 倍。

参宿七是一颗正在死亡的恒星,据估计它的初始质量是太阳的 17 倍,恒星上的氢不断地燃烧,并转化成氦,这使它的质量变得越来越少,而现在它又挤压着星核,使氦转变为碳和氧等元素,在这个过程中它又将损失大量的质量。它不得不接受大自然安排给它的命运,最终发生超新星爆炸,只留下一个罕见的由氧和氖元素组成的重型恒星核,这个恒星核产生的引力使它进一步变化。不过到那个时候,我们可能已经看不见它了,即使人类在千万年后还存在的话,因为到那个时候,这个恒星核的发光能力将剧烈降低,能够被地球接收到的星光会非常少。

刚才我们提到了紫外线,参宿七当然也会发出紫外线,这些紫外线包含着大量关于参宿七活动的信息,通过观测参宿七的紫外线,科学家们发现参宿七向空间中平稳地吹拂着恒星风,有时候还抛洒出一些物质,这些物质形成一个类似气泡的星际结构,包裹着参宿七。这也是恒星丧失质量的一种途径,恒星表面的物质并不是只在超新星爆发的时候才被抛出的,自从踏入晚年期,恒星就开始向周围空间散发物质,直到死亡为止。这些物质最后成为新恒星形成的材料来源之一。

◆ 绝对温标

在天文学里,通常会用到绝对温标,这种温标的起点,即 0 度,使物质不可能达到,成为绝度零度。最早提出这种温标的是英国科学家开尔文勋爵,所以人们用大写字母 K 来作为这种温标的单位,我们平常所说的 0 摄氏度大约相当于 273.15K。在绝对温标下,许多科学计算都比较方便,所以在天文领域里它的应用十分广泛。

变星

大犬座β星

大犬座β星在天空中的位置

人类在观察广袤的星空的时候，发现一些恒星的亮度会变化，有的恒星的亮度改变得非常明显，以至于人们都觉得奇怪，因此这类恒星被称为变星。这些恒星亮度的变化可不是空气的流动造成的，它是恒星本身的变化引起的亮度改变，这些恒星被称为变星。

通过科学家们的努力，我们了解了一些关于变星的秘密。根据现在所知的，造成星体亮度变化的原因很多，比如恒星的周期性类新星爆发、新星爆发和周期性星体遮掩，都会对人们观察到的恒星的亮度产生影响。根据恒星亮度变化原因的不同，变星也被分成不同的类型，以方便人们识别变星的种类。

恒星体积的周期性改变是引起恒星亮度变化的一个很重要的原因，它起源于恒星的脉动，大犬座β星就是这一类变星。大犬座β星的表面温度有20 000~30 000K，处于赫罗图中主序星的顶端，它的质量大概是太阳的10~20倍，它处于体积不断反复变化的时期，而且它的光变周期非常短，只有2.4~7.2个小时，但是它的亮度变化的幅度非常小，所以不要指望用肉眼观察它的亮度的变化。实际上，科学家们是利用飞行在宇宙空间中的探测卫星来判断大犬座β星的光度变化的。位于金牛座的黄超巨星金牛座RV星也是一颗变星，它的亮度的改变也是因为恒星脉动引起的，不过它的光变是不规则的，这与黄超巨星活动的不规则有关系。心宿二的亮度变化也是恒星本身的脉动引起的。脉动变星是宇宙中最常见的变星，在人类目前发现的所有变星当中，有一半以上的变星是脉动变星。

恒星的类新星爆发和新星爆发也会引起恒星亮度的改变，当恒星发生类新星或新星爆发的时候，恒星会向宇宙空间中抛洒大量的物质，辐射能力也大大增强，因此它的亮度也随之大增，这类变星被称为爆发变星。最出名的爆发变星是离我们最近的比邻星，它是一颗红矮星，因为它十分暗淡，所以直到20世纪人类才从望远镜中发现了这颗恒星。比邻星会发生短时间的闪爆，这样它的亮度就会急剧增加，但是即使如此，人们还是只能借助仪器观测它的亮度的变化，比邻星的合成反应非常慢，科学家推测它可以活上千亿年。天箭座FG就是类新星爆发变星。

最后一大类变星就是运动中互相遮掩而造成恒星亮度变化的变星。这一类变星至少是双星，当双星中较暗的伴星遮挡住明亮的主星的时候，主星的亮度就减少了，这类因为恒星运动造成亮度减小的变星被称为几何变星。最出名的几何变星就是有"魔星"之称的大陵五了。

在宇宙中到处都是变星，但是有很多变星只能通过精密的观测仪器才能探测到，因为它们的亮度改变非常得小。有的变星变化的辐射区不在可见光区，比如紫外区，超出了人眼观测的范围，像这样的变星在地球上很难观测得到，只有用装载在卫星上的紫外探测器才能发觉。

◆ 变星的数量和观测

现在人类观测到的有记录的变星超过了30 000颗，还有数千个恒星被认为是变星。天文学家花费数10年的时间对变星进行系统的观测，可以获得关于恒星长期演化规律的数据，并获得变星亮度变化规律，并为特定的变星分类。现在通过研究变星，天文学家和物理学家们获得了许多关于天体演化及物理过程的观测数据，这些数据为人类科学的进一步发展提供了基础。

英仙星座的大陵五星是一颗食变星，光变在300多年前已经被发现

大陵五星

新星和超新星

在古代，天文学家们经常发现一些奇怪的事件，在一片黑暗的天区突然出现一颗明亮的恒星，但是这样的恒星都有一个习性，它们只在空中呆上一段时间，然后就从人类的眼睛中消失了。这样的恒星就好像来天空做客一样，所以古代中国天文学家称这种恒星为客星。

现在通过天文学家的观察，我们知道了客星实际上是一颗恒星步入死亡时的标志，它们通过爆发，把自己外围大量的物质抛洒向宇宙空间，在这一瞬间，它们损失的能量和物质相当于一颗年轻的恒星几亿年时间里向空间中辐射的能量和物质。恒星的这种爆发称为新星爆发，如果一颗恒星的质量比较大，那么它的爆发规模将会非常大，这样的新星爆发称为超新星爆发。

2004年7月31日，日本天文学家发现的超新星 SN 2004dj（箭头所指），它在银河系以外，距离约1 100万光年。尽管它非常遥远，仍是10余年来所观测到的最近的超新星，箭头所指为超新星，左下亮区域是星系 NGC 2403。

中国古代的科学家对超新星爆发有着非常丰富的记录，这些记录对现代的科学研究有着非常重要的价值，最有名的一次超新星记录就是金牛座超新星爆发。在1054年7月4日，一颗明亮的恒星突然出现在天空中，即使在白天，人们也可以看见它的光辉，这样的景况持续了大约23天，然后这颗客星的光芒慢慢地消褪了，至少在白天看不见了。但是在晚上，人们依旧可以看见这颗明亮的客星，据推测，当时这颗客星是星空中亮度最高的恒星。不过这颗客星的亮度在持续减弱，在天空出现了近两年的时间后，到了1056年4月5日，它从人们的视线中彻底地消失了，再也看不见了。就这样700年过去了，1731年，一位英国天文爱好者在用望远镜观测天空的时候，在金牛座找到了一个形似螃蟹的星云，后来科学家推测它产生的时间，发现这正是1054年7月出现的那颗超新星爆发后留下的遗迹，这个星云因为它的形状而被命名为蟹状星云。

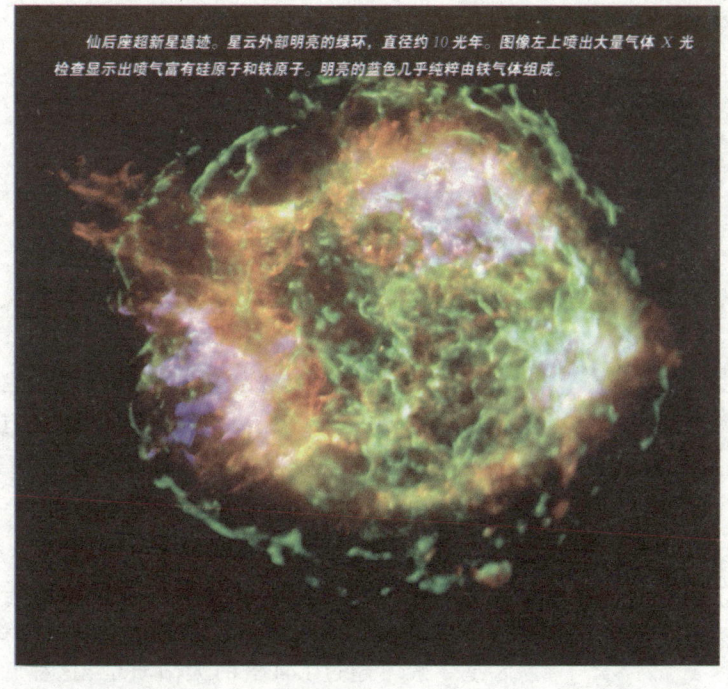

仙后座超新星遗迹。星云外部明亮的绿环，直径约10光年。图像左上喷出大量气体 X 光检查显示出喷气富有硅原子和铁原子。明亮的蓝色几乎纯粹由铁气体组成。

现在蟹状星云是著名的梅西叶星团星云表中的第一号天体，代号是 M1，它是一个距离我们地球大约6 500光年的星云，现在它周围的气体以每秒上千千米的速度向宇宙中扩张。在这么遥远的地方，一颗超新星爆发发出的光能够在白天被人类用肉眼看见，可以想象这颗死亡的恒星向太空中发出了多么巨大的能量。

新星为我们提供了许多关于恒星演化的资料，通过观测新星爆发，我们可以知道一颗恒星，比如我们的太阳，未来发展的命运，同时也完善了我们对恒星的认识。我们相信在宇宙中时刻在发生新星或者超新星爆发，但是它们被人类观测到的机会很少，因为人们的眼睛或者望远镜并不总是恰好对着一颗发生爆炸的恒星，毕竟现在科学家还不能准确地预报新星爆发，而且很多遥远的恒星发生的新星爆炸并不能被观测到。不过好在绝大部分新星爆发总会持续一段时间，这也给了人类更多机会来观测一颗处于爆炸中的恒星。

新星和超新星爆发产物大多是一个飘散在宇宙中的各式星云，一颗新星的爆发时间如果不是很长，那么人们还是有希望看见它们留下的恒星核的。

◇ **恒星风**

处于主序星时期的恒星会稳定地向周围空间中发射出大量的物质，这些物质主要是各种粒子，它们像狂风一样扫荡着恒星周围的空间，把恒星周围的气体物质都刮跑，这样的恒星辐射就被称为恒星风。恒星风对恒星周围物质的分布有着很重要的影响，比如太阳风就是恒星风，它对我们的生活就有很大的影响。

白矮星

矮星是一类发光度非常低的恒星，它们没有稳定可靠的能量来源，于是发光能力也不强，有时候一些相对来说暗淡的恒星也被称为矮星，白矮星就是这类恒星。

白矮星是一定质量的主序星爆炸以后遗留下来的恒星核，主要由超氢元素构成，这些元素有氦、碳、氧和氖等，构成中子星的元素一般最重不会超过铁，实际上由氧和氖构成的白矮星在宇宙中都已经非常罕见了。白矮星的质量不算小，但是一般不超过1.44倍的太阳质量，这样它们就可以处于力作用的平衡之中，白矮星依靠电子简并压来对抗自身产生的万有引力。

对于我们常见的物体，比如空气，因为存在着大量永不停止运动的分子或原子，所以当它们受到外界压力的时候，就会产生一个抵抗的力，这个力来自原子之间相互排斥的力，这就使自己可以保持体积，不至于被外力彻底压扁。但是当外界的压力非常大的时候，原子的确会被压扁，这个时候就要靠电子的运动来抵抗外界的压力了，电子简并运动可以提供一定的抵抗力。包括白矮星在内的任何物体中都存在大量的电子，这些电子围绕着原子核做剧烈的运动，它们很难被压缩到原子核里。对于质量不超过1.44倍太阳质量的恒星核，电子

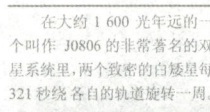

在大约1 600光年远的一个叫作J0806的非常著名的双星系统里，两个致密的白矮星每321秒绕各自的轨道旋转一周。

简并压足够抵御万有引力产生的引力压了，这样一个处于平衡态的星体——白矮星诞生了。这个时候，因为被挤压，原子的空间大大减小，电子不放弃任何可占据的空间，这样它们成为不同于平常状态下的自由电子，充斥在原子核之间的所有空间里，可以这么说：在白矮星上，所有物体都沉浸在自由电子的海洋里。

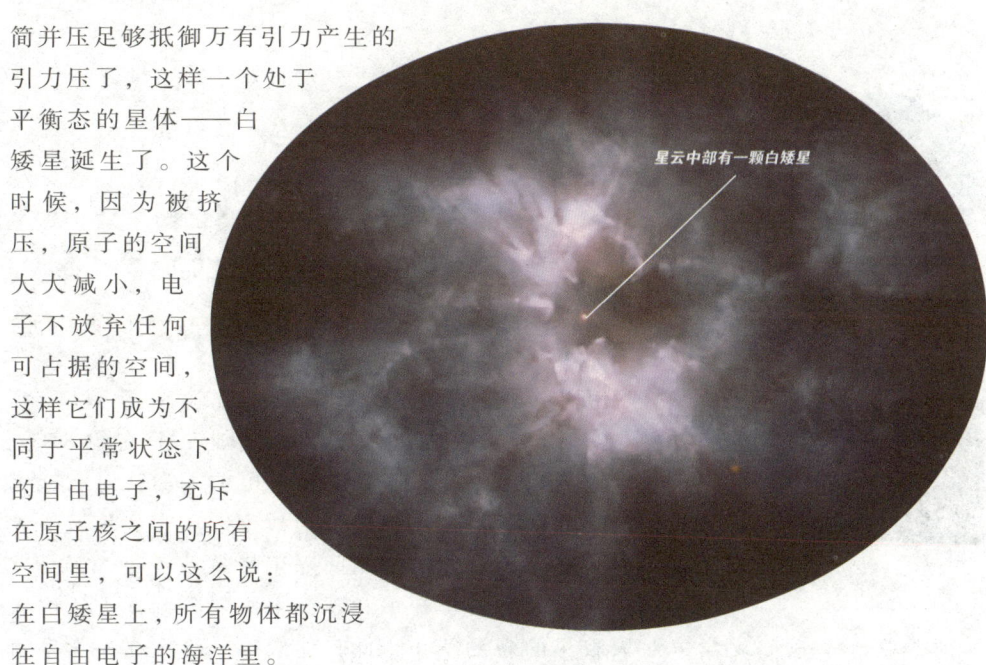

星云中部有一颗白矮星

因为受到引力的吸附而被压缩，在相同质量下，白矮星上的物质体积比地球上的物质小得多，比如1立方米的白矮星物质的质量高达上千万吨，而地球上这么大体积的物质平均只有5吨多。这样，即使一颗白矮星非常小，它的质量也是很大的，一颗质量和地球差不多的白矮星的体积只有地球的百万分之一。

对于白矮星是如何诞生的，现在还有一些争论。根据目前的恒星演化理论，恒星在处于晚年的时候，它的中心就形成了一个致密的恒星核，这个恒星核就是白矮星的原型。在这颗巨星或者超巨星发生爆炸以后，周围的物质被抛洒出去，但是恒星核却留了下来，并且有着强大的万有引力，吸附那些没有来得及逃走的物质，并把这些物质聚集在自己的表面上。正是因为如此，白矮星上的物质状态也十分复杂，它的内部是晶化的内核，而外部是密度极大的附着物。

虽然白矮星的能量远没有主序星那么大，它表面的温度却一点也不低，一颗刚刚形成的白矮星表面的温度高达上千万度，即使过上数千年，它表面的温度依然足以使它辐射出白色的光芒。但是没有足够的能量来源，白矮星的表面温度也在不断地降低，经过一段时间以后，也许要上千万年，白矮星就不再发出可见光，变成一颗暗淡的黑矮星。

◆ 恒星核

在恒星内部存在着一个物质状态和外围物质大不一样的核心，在外界压强和万有引力的作用下，恒星核成为一个由氦原子紧密结合组成的物体，当恒星发生新星爆发以后，恒星核一般会留下来，继续进行演化。这个时候恒星核的组成物质抵抗着万有引力，恒星核的质量不同，演化的最终结果也不一样。

天狼星伴星

天狼星是大犬座α,是全天最亮的恒星。

古埃及人发现:每到夏天,天狼星在黎明前从东方升起来的时候,尼罗河就开始泛滥。古埃及人在计算尼罗河水涨落期的需要中,产生了埃及的天文学。

天狼星是夜幕中最亮的恒星。事实上,它比太阳亮20倍,质量比太阳大2倍。

天狼星就是大犬座α星,是夜晚星空中最亮的一颗恒星,视星等是-1.4等,这是因为它离我们很近,只有约8.7光年,正是因为天狼星如此耀眼,在很早以前人类就对它充满了各种猜测,并由此衍生出许多神话故事。在古代埃及,人们相信天狼星在黎明升起的时间间隔正好是一整年,于是就依此建立历法。因为科学知识和观察手段的限制,古代的天文学家对天狼星的观测就止于此,他们唯一给现在科学家留下的一个谜团就是天狼星的颜色是红色的,而现在我们看见的天狼星散发着蓝白色的光芒。

几千年过去了,随着近代科学和天文望远镜的出现,科学家们开始重新研究天狼星,其中最有名的就是英国天文学家贝塞尔。在19世纪30年代,贝塞尔发现天狼星的运动有一些古怪,它的轨道不是平常那样走规整的曲线,而是一个弯

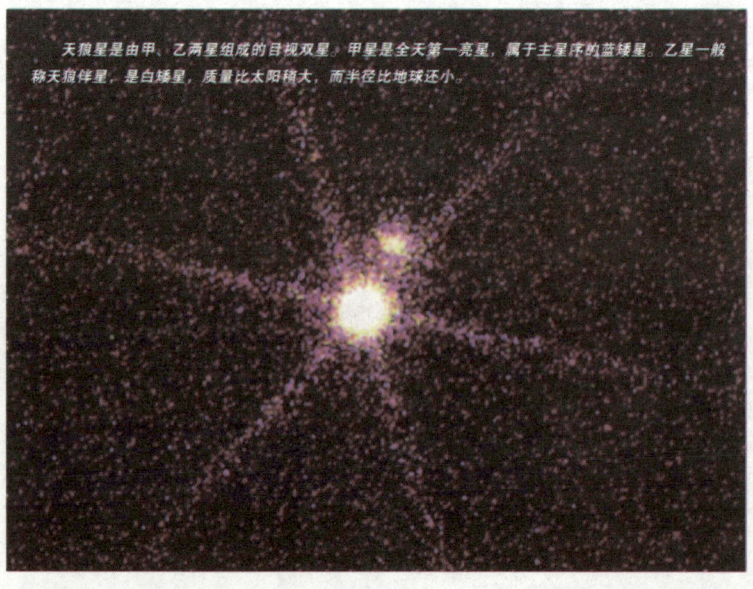

天狼星是由甲、乙两星组成的目视双星。甲星是全天第一亮星,属于主星序的蓝矮星。乙星一般称天狼伴星,是白矮星,质量比太阳稍大,而半径比地球还小。

在夜空中，天狼星是夜晚星空中最亮的一颗恒星。

弯曲曲的波浪线。当时的物理学知识已经足够使贝塞尔做出正确的判断：天狼星受到了附近某个天体的吸引力影响，所以轨道变形了。随后贝塞尔就用自己制作的望远镜开始搜寻这颗预测的天体，遗憾的是，直到贝塞尔去世，他也没有发现这个天体，但是他坚信自己的判断是正确的。贝塞尔可能不知道，这颗恒星曾经数次从他的望远镜前经过，但是因为它发出的光太暗淡了，即使借助当时最好的望远镜，贝塞尔也看不见这颗恒星。到了 1862 年，美国天文学家克拉克在调试一台先进的望远镜的时候，无意间发现天狼星附近有一颗暗红色的恒星，他意识到这可能就是贝塞尔预测的那个天体。后来经过仔细的观测，天文学家终于确认这正是影响天狼星运动的恒星，它被称为天狼星 B，就是天狼星伴星。

天狼星伴星是一个能量枯竭的恒星，而且体积非常小，它的亮度就说明了这一点，它的视星等是 7 等，但是它的随后却引起了不小的争论。根据天狼星 B 对天狼星轨道变化的影响，科学家发现它的质量很大，几乎和太阳质量一样；通过研究天狼星 B 的光谱，科学家发现它的表面温度有上万度，这在当时是不可理解的。在人类历史步入 20 世纪以后，随着现代物理学的出现，印度学者钱德拉赛卡第一次用理论计算了一种处于高度电子简并的星体，并给出了这种星体成立的条件。

◇ **螺旋运动的白矮星**

在我们的银河系里，距离地球大约 1 600 光年远的地方有一对互相环绕运动并逐渐靠近的白矮星。它们在运动的时候互相靠近，所丧失的轨道能量用于产生引力波，它们可能是银河系里最强的引力波来源。现在科学家正设计先进的探测设备，来探测广义相对论预言的引力波。

中子星

我们说过白矮星的质量不能超过 1.44 倍太阳质量，如果它的质量超过了这个界限，那么它在恒星内的时候就会继续收缩，成为一颗由高度简并的中子气构成的星体——中子态恒星核。中子星也是主序星经过超新星爆炸后遗留的恒星核形成的，只不过这个恒星核的质量更大，大于 1.44 倍太阳质量，但是也不能太大，理论上中子星的质量上限不能高于 3.2 倍太阳质量，否则它会继续坍缩下去。

白矮星依靠自由电子的简并压来抵抗万有引力，维持自己的体积，但是电子简并压并不是无限大，当万有引力强大到一定程度的时候，电子简并压也无法抵挡。于是，这些自由电子开始被挤压到原子核里，与核中的质子结合成中性粒子，同时散发出许多中微子。当整个原子核呈电中性的时候，原子核就开始变得散漫，强相互作用也无法完全束缚剧烈运动的中子，尽管如此，中子态的物体看起来也是固体。一个中子态的物体就是一团由剧烈运动的中子气体构成的，只不过它们的运

黑洞"吞食"中子星的艺术想象图

动范围很小。剧烈运动的中子会产生比自由电子大得多的简并压，这样当恒星核的质量介于 1.44 倍太阳质量和 3.2 倍太阳质量之间的时候，中子简并压完全可以阻挡万有引力产生的压力，使星体保持自己的体积。

中子星的体积非常小，一颗质量和地球大小差不多的中子星只有篮球场那么大，因此中子星的密度极其大。一个大小和篮球差不多的中子星物体的质量比地球上一艘万吨巨轮的质量还要大，即使现在地球上载重量最大的轮船也承载不了它的重量。

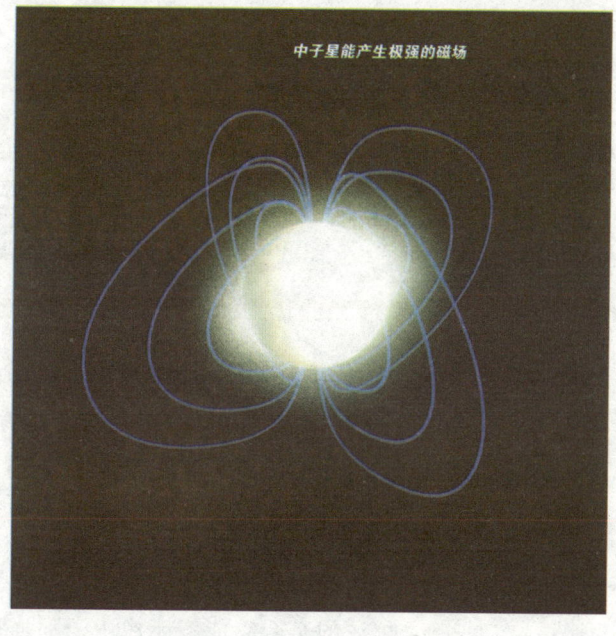

中子星能产生极强的磁场

虽然理论上造就预测了中子星的存在，但是因为中子星体积非常小，所以很长时间以来天文学家们都没有发现中子星的影子。在 1967 年的时候，英国天文学家休伊什和贝尔利用辐射探测器探测到来自蟹状星云的射电脉冲信号，这个信号具有特定的周期，并且非常稳定，他们称制造这个射电脉冲的星体为脉冲星。在他们发表自己的发现后，就有人指出脉冲星只能是中子星，中子星的发现也成为 20 世纪 60 年代天文学的四大发现之一。

脉冲星的各种特征都与理论预测的中子星非常符合，它们旋转的速度非常快，表面温度极高，唯一与理论不同指出在于它强大的磁场。脉冲星磁场在磁极处最大，这样当脉冲星转动的时候，它的磁极扫过空间，就会产生射电信号，如果这个信号的传播方向对着地球，那么我们就有可能接收到传送过来的脉冲信号，脉冲信号的周期与中子星旋转速度有关。中子星并不是一个纯粹由中子构成的星体，因为引力作用，在中子星的表面上附着着一些带有电子的物质，这些电子剧烈但是有规律地运动着，中子星的磁场可能就来源于此。

中子星是目前人类所能探测到的最极端的天体之一，它因为体积狭小而难以被探测，现在人们只能通过分析星云和探测射电信号来分辨一颗恒星是不是中子星。

◆ **中子星的大小**

中子星可能是宇宙中最小的可见恒星，即使一个质量和太阳一样的中子星，它的半径也只有 20 千米，还没有地球上一个小岛大。这样的极端天体需要非常苛刻的条件才会产生，人类的力量可能永远也达不到这个标准，但是在宇宙中这种现象却非常多，目前人类已经找到了大约 1 600 多颗中子星。

夸克星

现代物理实验已经证明了中子和质子并不是组成物质的最基本的粒子，它们也是有结构的，物理学家们把组成中子和质子等强子的粒子称为夸克，现在的理论认为存在三类夸克：上夸克、下夸克和奇异夸克。夸克具有完全不同的性质，它们带有分数电荷，相互结合得非常紧密，难以分离，它们的种类非常多，不过这些不是本书所关心之处，这里所关注的是夸克能不能像中子那样成为一个星体的主要组成部分，简而言之，一颗夸克星是不是存在于宇宙之间。

在理论上，一颗由夸克构成的恒星是有存在的可能性的，因为夸克也有自己专属的领域，一旦这个领域里有了外来的夸克，它们就会互相排斥，这种排斥作用就可以对抗万有引力作用，使恒星保持自己的体积，存在于宇宙之间。同时，不

中子星与夸克星大小的比较

同夸克之间也可以相互吸引，这样当中子星的体积足够小的时候，也可能产生由夸克紧密结合形成的星体。有了中子星的例子，现在一些理论认为夸克星也有磁场，这为人们探测夸克星提供了指导，因为凭借现有的理论，科学家们可以估算出夸克星的自转速度等一系列数据，根据这些数据，天文学家就可以判断一颗恒星是不是夸克星。现在我们来看看夸克星所应该具备的性质吧。

未来的观测能进一步解释 RX J185635-375 的距离和冷却问题，同时也能告诉我们夜空中是否真的有这种新天体。

夸克星需要极其苛刻的形成条件，首先一颗主序星的质量必须足够大，它在爆发后留下的中子星的质量也要足够大，这样才有足够的万有引力来使中子被挤压到夸克的数量级，这里的挤压和电子被挤压到原子核里不同。我们知道恒星核的质量如果小于3倍太阳质量，那么中子就可以抵御万有引力的压力，使星体保持稳定，但是如果要形成一个夸克星，那么中子星的质量就不能太低。如果一颗中子星的质量接近它的质量上限，那么在这颗中子星的内部压力极大的区域就会出现自由夸克，这些夸克组成中子星的内部，这样的结果就是使中子星的体积减小大约一半。但是在中子星的表面，还是以由中子组成的物质为主，甚至还有一些电子和质子。

当一颗中子星的质量高于3倍的太阳质量的时候，它将被引力压垮，被粉碎的中子释放出自由夸克，这些自由夸克凝聚起来，组成一个新的天体——夸克星。夸克星的体积更小，密度更加大，它的体积和密度介于中子星和黑洞之间，也许它是我们可以看见的最后一种星体。

天文学家们一直为夸克星而争论，2002年4月，钱德拉X-射线望远镜发现了一颗被命名为RX J185635-375的天体，它距离我们约有450光年。通过计算，天文学家发现这个天体的质量很大，但是体积却比同质量的中子星要小得多。一些天文学家认为它只能是夸克星，因为它的密度要比正常的中子星大很多，中子星的密度是不可能达到这个程度的；但是另外一些天文学家认为观测存在很大的误差，因此还不到下结论的时候。

到目前为止，像黑洞一样，夸克星依然是一个谜团。

◆ 夸克粒子

夸克是一种完全不同的微观粒子，它不仅拥有质子等粒子所具有的一些性质，而且还拥有自己的性质。为此，物理学家提出了多达六个方面的物理量来描述它们的运动，而质子等粒子只有三个，所以夸克之间的运动非常复杂，由夸克组成的夸克星当然也引起了很多争论。

黑洞

利用牛顿发现的万有引力定律，我们知道一个物体如果要离开地球，那么它就需要一个最小的速度和合适的方向，因为所有的物质都受到引力场的束缚，光也不例外。理论上认为：只要一个星体的引力场足够强大，那么光也无法从它的表面逃离，这样这个星体就不会辐射任何电磁信号，我们也无法直接探测到这种天体，它就像一个漆黑的无底洞一样，物质只能进入，不能出来，这样的极端天体就被称为黑洞。

早在20世纪人们测定了光的速度的时候，这样的问题就出现了，宇宙中是不是存在一种质量非常大的天体，连光也无法逃脱它的引力范围。在当时，人们认为物体的速度没有上限，只要受到力的作用，物体就会一直被加速，但是在爱因斯坦提出狭义相对论并被接受以后，就很少有人认为物体的运动速度可以超越光速。但是在广义相对论里，通过解爱因斯坦提出的方程，可以得到这样奇怪的解：在一定范围内，当天体的质量足够大的时候，光也会被它束缚住，无法逃脱。史瓦西最先得到这样的结论，但是这个结论却受到了包括爱因斯坦在内的许多科学家的反对，他们认为这样的天体是不可能存在的。就这样，这个理论在很长时间里都没有被接受。

在20世纪60年代，随着天文观测技术的发展，许多以前被认为是不可能

黑洞向周围吹散的巨大气泡，气泡直径达到10光年。

存在的天体都被发现了，大爆炸理论也得到了初步的证实，中子星被证实是存在的。一些天文观测显示一些大质量的星体的确可以收缩，成为一个连光也无法逃脱的空间，这个空间被称为黑洞，它们也许已经或者即将成为黑洞。

▲ 黑洞具有强大的引力场

就理论计算而言，黑洞存在一个表面，从这个表面开始，包括光在内的所有物质都无法逃脱，这个表面就是黑洞的边界，称为视界。

正如人们所想的，科学界对黑洞的性质有着许多的争论，因为黑洞内部的物质不服从任何已知的物理规律。就目前人类的认识来说，黑洞被认为是一个体积无限小、密度无限大的奇怪区域，这个区域聚集许多物质。但是没有人知道这些物质处于什么状态，因为没有任何信息能够从黑洞里跑到我们的探测仪器上，让我们来了解它的内部世界。

显然，黑洞是不可能直接探测的，人们只能根据黑洞附近的特殊现象来判断它是否存在。当外界的物质在黑洞的吸引作用下急速地向黑洞坠落的时候，它们之间互相剧烈地碰撞，并且向外发出 X 射线，这种射线可以揭示黑洞的一些秘密。霍金是一位研究黑洞的著名学者，他提出黑洞并不是没有任何辐射的冰冷世界，而是在向外散发能量，散发能量的速度和黑洞的质量成反比。这个理论结论是近年关于黑洞所取得的最重大的成果之一。

在人类发现黑洞以前，任何猜测都是有可能的，但是只有那些建立在合理基础上的理论才能获得人们的认可。

◆ 会隐身的黑洞

黑洞不仅吞噬了所有处于自己视界以内的电磁辐射，而且还对经过自己附近的光有影响，使光改变自己的传播方向。如果一颗恒星的光再经过黑洞的吸附而传播向地球的时候，黑洞就会被这个恒星的光所覆盖，隐身于宇宙之中，所以黑洞是个会隐身的"怪物"。

星云

如果你用望远镜观察星空，也许会发现在恒星之间漂浮着一些像云雾一样模糊的天体，它们形状各异，颜色多呈蓝色，而且不像星系那样包含很多明亮的恒星，那么这个天体极有可能是一个星云。

星云形成的原因很复杂，现在我们知道大多数星云都是在恒星的爆发中产生的，也有一些星云是来自不同恒星的恒星风撞击后聚合产生的。当垂死的恒星发生新星或者超新星爆发后，它们的核心会成为一颗白矮星、中子星，或者黑洞，但是它们外围的物质则被抛洒到宇宙空间中，形成一个星云。有时候，一颗超黄巨星因为质量太大，不能发生超新星爆发，但是它可以发生类新星爆发，向空间中抛洒物质，这些物质在超黄巨星旁边形成一个星云，这些星云也是由恒星物质构成的。在苍茫的宇宙中本来就存在许多星际分子，当一颗恒星形成以后，就向空间吹出恒星风，恒星风吹散恒星附近的星际物质，使它们和远处的星际分子聚合，形成星云。

构成星云的主要物质是氢和氦，而那些由恒星爆发产生的星云中也含有很多恒星合成的

弥漫星云

元素，比如碳、氧和氖等。当超新星爆发以后，在剧烈的高温下，分子都成为等离子，这些由等离子体组成的物质因为受到恒星核引力场和电磁场的作用，运动的路线也各不一样，于是星云的形状也是千差万别。那些在超新星爆发中形成的星云大多呈辐射状，这样的星云向着四面八方扩散，边缘的物质都在远离核心，但是它们的温度相应地也非常低。

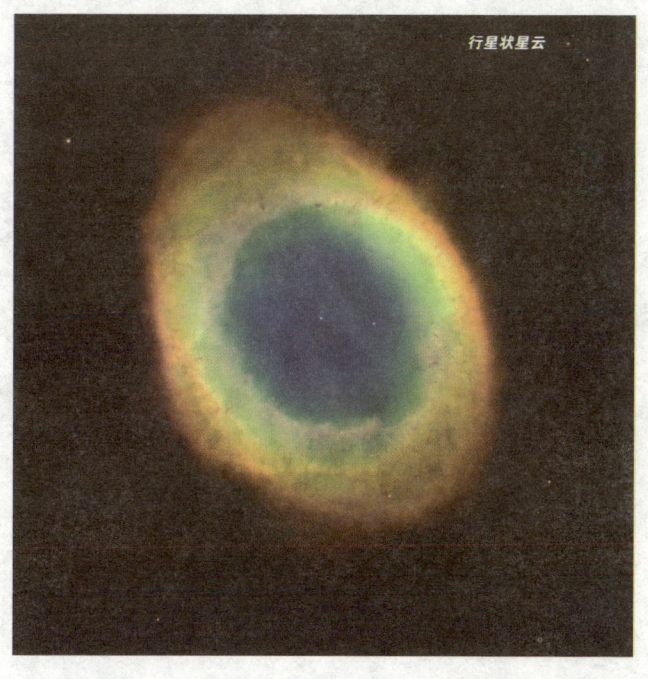

行星状星云

因为不同的原因，星云的形状也不一样，但是科学家们总结各种星云形成的特点，为星云分类。那些形状不规则，而且没有明显的边界的星云被称为弥漫星云，而中心有一颗亮星、周围有一圈明亮光环的星云被称为行星状星云，一般来说行星状星云形成的时间比较短。

弥漫星云因为形成时间长而温度低下，所以它们一般都不发光，有一些弥漫星云因为处于明亮的新生恒星之间，当恒星的光照射到弥漫星云上的时候，恒星光就会被星云散射，在可见光范围内，蓝光较容易被散射，所以直接用眼睛观察这些星云，看到的颜色是蓝色的。恒星光足够强大的话，也可以激发星云物质，使星云散发出红色等颜色的光，星云也可以反射恒星的光，使自己呈现出美丽多变的色彩。有时候，星云也发射可见光之外的电磁辐射，这样的星云用肉眼是看不见的，即使你知道它就在那里。

星云是宇宙中一种有着非常重要作用的天体，恒星在星云的摇篮中孕育，垂死的恒星抛撒出自己合成的物质，形成星云，这些星云有可能成为另外一些新生恒星的组成物质。就在这样的过程中，宇宙中的物质进行着循环，虽然在这个过程中总是会有能量或者质量的损失，但是绝大部分宇宙物质处于这个循环之中，从星云到恒星，再从恒星到星云。

◆ 夜枭星云

位于大熊座内的夜枭星云是一个著名的行星状星云，它的编号是M97，是一个由恒星爆发产生的星云，这个星云因为极像夜枭的脸而得名。这颗恒星的质量一定很大，因为夜枭星云有三个气体层，这说明这颗恒星经历了多次爆发。在完成爆发以后，炽热的核心炙烤着周围的气体，使它们加速离开恒星附近区域，在这里留下一个看起来空荡荡的区域。

猎户座大星云

猎户座大星云是一个非常著名的大星云,它是一个弥漫星云,而且距离地球约有1 500光年,是距离地球最近的星云。在猎户座大星云附近有许多明亮的恒星,在这些恒星的照耀下,整个星云散发出明亮的光芒,它的视星等达到了4等,即使用肉眼也可以看见这个位于猎户座腰间的大星云。也正是因为猎户座大星云可以被肉眼看见,所以古代的天文学家以为它是一颗恒星,在很长的时间里没有人能认识到它的真面目。即使是望远镜出现以后,天文学家也认为它明亮的中心区域外围的红色云雾是望远镜镜片消光不好的原因造成的。直到17世纪,欧洲一些天文学家开始注意到这个天体,

美国航空航天2006年1月11日发布的由哈勃望远镜拍摄的照片显示的是猎户座星云,这是至今为止拍摄到的最清晰的猎户座星云照片。

青少年成长必读
人文科学知识丛书

并用望远镜仔细地观察，这才发现这个天体与其他恒星有很大的区别，英国天文学家惠更斯更是对它进行了持续的观测。18世纪，猎户座星云终于被人们初步认识了，并成为梅西叶星云星团表中第42号天体，编号为M42。

今天人类的探测手段已经比以前先进了许多，我们也对猎户座大星云M42有了更多的了解。这个星云的密度虽然非常的低，但是它的半径约有16光年，这样它区域里的物质总质量比太阳质量多很多倍。据估计，M42星云的物质总质量大约是100倍太阳质量。

猎户座的马头星云是夜空中最好辨认的星云之一，它是一个大型暗分子云的一部分。

现在通过观察，科学家发现M42之中有许多新生的恒星，这些恒星的寿命只有两三百万年时间，比太阳的年龄小得多了。M42的中心区域十分明亮，这是因为这里聚集着四颗非常明亮的恒星，它们被称为猎户座四边形聚星，它们发出强烈的光芒，照耀着星云的中心，使星云的中心看起来分外明亮。在星云的边缘，稀薄的氢分子云被恒星发出的紫外线照耀，散发出红色光芒，形成星云红色的边缘。

作为离我们最近的星云，猎户座星云一直是天文学家观测的重点目标，虽然它是一个十分庞大的弥漫星云，但是在中心区域里，气体凝聚成团。在这些气团里，一个个新恒星正在形成，有的气团里新诞生的恒星已经散发出夺目的蓝色光芒，而这些恒星周围还围绕着许多小星际云，这些小星际云围绕着中心恒星旋转，同时自己也在收缩，它们也许是即将出现的行星的前身，这些小气团构成原始行星盘。猎户座大星云就像一个天然的超级实验室，通过观察，我们似乎看到了太阳刚刚形成时的情景，看到了地球形成以前的情景，这对我们了解太阳系的形成和演化具有很大的帮助。

在宇宙中，像猎户座大星云这样的星云还有很多，它们都在用实际的变化向我们展示大自然永不停止的创造之手，这只手不仅创造出了恒星来照亮宇宙，而且还创造出美丽的星云。显然大自然对自己的创造十分满意，以至于在不同时间里，它的创造都带有几分相似之处，现在科学家们正在努力寻找大自然创造恒星的规律，这也是大自然创造恒星世界时的蓝图。

观测猎户座大星云

猎户座是最容易辨认的星座，它的中间有几乎排成一条直线的三颗明亮的恒星。在最左边的恒星下方有一个模糊的白斑，那就是猎户座大星云。实际上那只是猎户座大星云最明亮的部分，整个猎户座大星云一直延伸到参宿一附近。著名的马头星云就在参宿一的附近。

哑铃星云

在狐狸座里有一个美丽的行星状星云，它的形状像一个哑铃，所以被称为哑铃星云，在梅西叶星云星团表中，哑铃星云的编号为M27，是这个星表中第27号天体。行星状恒星都有一个中心恒星，但是梅西叶在发现这个星云的时候，并没有在哑铃星云内部找到恒星，因此，他认为这个星云不存在中心恒星。

哑铃星云并不是没有中心恒星，这个星云中心也有一颗恒星，但是这颗恒星是一个非常暗淡的白矮星，而且哑铃星云离我们有近1 000光年的距离，所以这颗白矮星的视星等只有12等，在明亮的星云掩映下，用普通的天文望远镜很难观测到，因此，梅西叶才会误以为这个星云没有中心恒星。

让我们来看看哑铃星云是怎么形成的吧。在大约4 000年前，繁星满天的夜空突然出现一颗明亮的新星，这标志着一颗恒星的死亡，这是一颗小质量恒星，即它的质量和太阳相差不多，最多只有8倍太阳质量。这个恒星经过超新星爆发，向空间中抛撒了大量的物质，这些物质开始向着宇宙空间中扩散，远离死亡恒星留下的白矮星。最后，一个新的星云出现在了天空中，它就是后来的哑铃星云，而

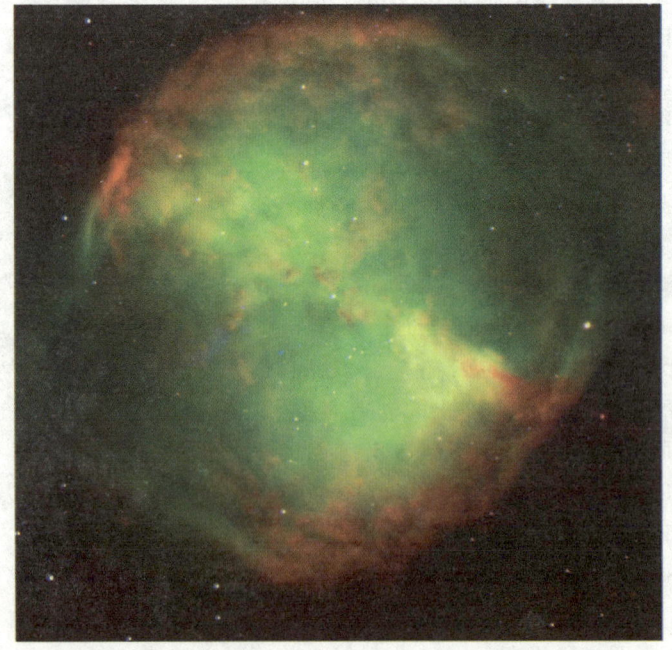

M27也被人们称为哑铃星云，是一个行星状星云。它是全天最亮的行星状星云之一，用双筒望远镜在狐狸座中就能看到它。

小哑铃星云 M76 是一个位于英仙座的行星状星云，1780 年被发现。

这次超新星爆发的时间要比人类观测到的更早，大约 5 000 年前。哑铃星云的中心恒星白矮星也没有闲着，它以一定的速度向着其他方向运动，现在它已经跑到了哑铃星云的边缘，也许再过几千年，哑铃星云会真的变成一个没有中心恒星的星云。初期的爆发使恒星表面的物质以一定的速度向着宇宙空间扩散，随后白矮星以更快的速度把自己周围的物质辐射出去，于是后来发散出来的物质和超新星爆发时发射的物质相互撞击重叠在一起，形成了物质密度较大的中心区域。

因为被明亮的恒星照射，哑铃星云散发出强烈的光，使自己成为一个明亮的行星状星云，它的视星等高于 8 等，虽然我们仅靠眼睛是绝对看不见这个星云的，但是和其他行星状星云比起来，哑铃星云已经算是非常明亮了。但是随着它的扩散，整个星云也会变得越来越暗，直到最后从我们的眼睛中消失，隐身在广袤的宇宙中，只有借助那些特殊的仪器，我们才可以看到它。不过这个过程需要很长的时间，这与它们扩张的速度有很大的关系。以哑铃星云现在的扩张速度，在大约 1 万年以后，它就不再辐射可见光，而且随着中心恒星的离去，那个时候哑铃星云就会从人类眼睛里彻底地消失。

在梅西叶星表中还有一个编号为 M76 的星云，这个星云位于英仙座，因为它的形状也像一个哑铃，所以被称为小哑铃星云，因为观察角度的原因，这个星云看起来呈方形。虽然小哑铃星云也十分明亮，但是它是侧面对着我们，而且离我们有数千光年的距离，因此它的视星等为 10 等，而最明亮的中心恒星视星等只有 16 等。

狐狸座的位置

哑铃星云是一个美丽的经典行星星云，但是它的位置却不好找，因为狐狸座是夏季星空中一个狭小的星座，星座内没有明亮的恒星，因此十分暗淡，但是我们还是可以很容易找到狐狸座的，它被著名的天鹅座、海豚座、飞马座和武仙座包围起来。牛郎星、天津四和织女星这三颗横跨银河系的亮星组成了夏季大三角，它们很容易辨认，狐狸座就位于牛郎星和天津四的中间，而哑铃星云则在牛郎星与天津四中间附近区域。

 # 蚂蚁星云

在定规座星团里，人们发现了蚂蚁星云Mz3

在定规座星团里，人们发现一个有着奇怪外形的星云，因为它的形状就像一个蚂蚁，所以它被称为蚂蚁星云，编号为Mz3。因为离我们有3 000~6 000光年的距离，而自己的长度只有大约1.6光年，所以蚂蚁星云不能被人眼直接观测到。在这个蚂蚁状星云的中心有一颗明亮的恒星，现在它和我们的太阳一样处于主序星阶段，不过它猛烈地向外喷发物质，这一点就像船底座η星一样，这说明它已经踏上了死亡之路，离超新星爆发的时间不远了。没有人知道这个巨大的太空蚂蚁是从何时开始显露出奇怪形状的，也没有人清楚这样古怪的形状是如何出现的，因为现在的天文观测还不足以给出足够的证据，让科学家研究清楚蚂蚁星云形成的原因和过程。现在我们唯一知道的就是这颗恒星吹出的恒星风受到了某种影响，因此，它们的分布被改变了，于是就表现出蚂蚁的形状。

现在对于蚂蚁星云的形成主要有两种解释：一种是恒星风受到了一颗未知的暗淡伴星的影响，于是就改变了分布；另外一种解释是认为中心恒星巨大的磁场影响了带电粒子的运动，使这些带电粒子沿着磁场线运动，于是就在太空中造就了这样一幅奇妙的景象。现在我们就来看看科学家对这个太空蚂蚁形状的起因是如何做出假设的吧。

一种理论假说是伴星说。伴星说认为在太空蚂蚁中心恒

星附近存在一个质量足够大的伴星，这个伴星围绕主星运动，当主星喷发出大量物质的时候，伴星强大的引力场就会吸附主星喷发的物质，在引力的潮汐效应下，使这些物质向着主星的两极方向运动，最后形成对称的蚂蚁星云。如果这种学说是成立的，那么这两颗恒星之间的距离就必须非常近，大约相当于太阳到地球的距离，这样伴星早就淹没在主星所喷发的气体物质中了，它也就很难观测了。

另外一种假设是磁场说。磁场说认为蚂蚁星云中心恒星的磁场非常强大，而恒星抛出的物质大多是带电粒子，于是在磁场的作用下，这些带电粒子的运动受到了限制，只能沿着磁场的方向运动。在没有其他恒星影响的时候，一颗恒星南北磁场的分布基本上是对称的，所以这颗恒星喷发的物质基本上是从两个磁极喷发出来，并且大致上呈现出对称的形状。但是这种学说并不能完全解释蚂蚁星云的结构，因为这个星云的结构非常复杂，有一些部分磁场说也解释不了。

在没有得出最后的结论以前，我们只能这么认为：两种假说都有自己的道理，虽然它们也有不足之处，但是却能够大体上合理地解释蚂蚁星云形成的原因，所以这两种理论的拥护者也是最多的。很多研究者也倾向于认为蚂蚁星云形成的原因不止一种，也许它是在伴星引力和恒星磁场的双重作用下形成的。虽然科学家对蚂蚁星云的形成有不同的意见，不过有一些猜测就不那么合理了，有人认为蚂蚁星云的形状证明了上帝是存在的，这种说法显然不可能被科学家们接受。

◆ 行星状星云的自然形状

如果不受外力影响，行星状星云应该是一个完美的球形，比如位于我们银河系里的阿贝尔 39 星云（Abell 39），它的中心恒星磁场分布均匀，附近也不存在大质量恒星，所以它成为目前人类所知的形状最接近完美自然球形的星云。但是像这样的情况非常少见，几乎所有的行星状星云都会受到中心恒星核或者外来力量的影响，进而改变形状。

蚂蚁星云 Mz3 是从一颗与太阳类似的球状星体所抛出的，其形状像一只蚂蚁的头部和胸部。它原是一颗类似太阳的恒星，目前已行将死亡。

天文的故事

猫眼星云

在离我们地球3 600光年远的天龙座区域内有一个垂死的恒星不断地向空间中抛出自己的外壳气体，这样的状况持续很久了，结果就是在这个区域创造了一个视星等为8等的星云，这个星云的结构表明它是典型的行星状星云，不过这种结构要比其他行星状星云复杂得多，因此，它成为了宇宙中已知的最复杂的星云之一。因为这个星云的形状好像一只猫的眼睛，于是就被称为猫眼星云。

猫眼星云在1786年2月15日被英国天文学家威廉·赫歇尔发现，后来它又成为第一个被用光谱分析确定的行星状星云。猫眼星云的结构非常复杂，因此，一些天文学家猜测它的中心恒星是一对互相旋转运行的双星系统，在伴星引力场影响下，主星喷发的物质的运动路线被周期性地改变，这样就形成了这个星云复杂的结构。猫眼星云外围的物质是中心恒星在红巨星阶段的时候向外辐射的恒星风物质构成的，这个倒是不难解释，但是猫眼星云复杂的内部结构直到今天也还没有获得合理的解释。

猫眼星云内部的恒星质量大小和太阳差不多，据估计这颗恒星在大量丢失物质以前的质量大约是太阳的6倍，在变成红巨星以后，它损失了大量的质量，已经没

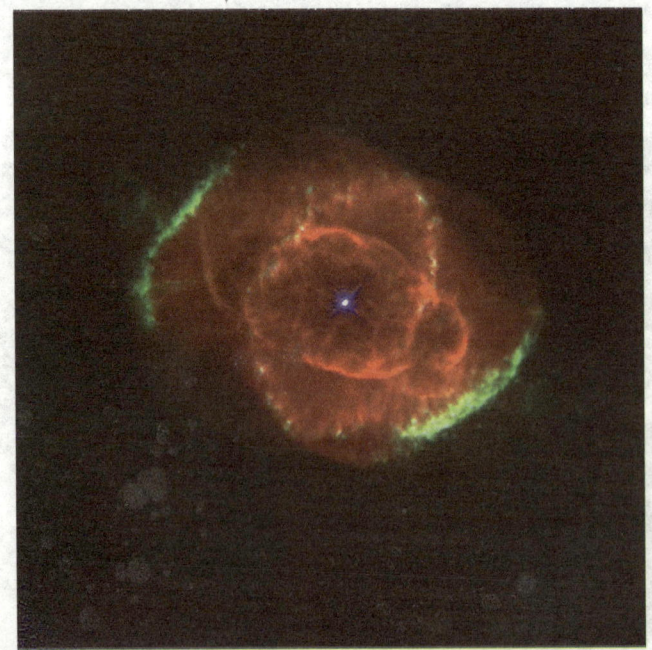

猫眼星云 NGC 6543 位于天龙座，这个星云特别的地方，在于其结构几乎是所有有记录的星云当中最为复杂的一个。

有足够的引力来束缚自己表层的物质了，只能任凭它们像风一样吹向宇宙空间。从中心恒星刮出的恒星风猛烈地撞击着恒星附近的物质，使这些物质的温度增加，并释放强烈的辐射，其中包括可见光，这样猫眼星云中心区域的亮度变得比周围高得多。随着恒星风远离恒星，它们受到了星际物质的阻碍，不断地损失能量，同时也在通过的路上留下了发光的足迹，这些痕迹帮助我们看清楚这个星云的结构。

与不少天体一样，猫眼星云的物质主要为氢和氦，并拥有少量重元素。

整个猫眼星云好像由很多个气体壳层套在一起形成的，每个气体壳层之间都有一定的距离。根据现有的理论，一些天文学家认为这是因为恒星每过一段时间就会爆发一次造成的，当然这种爆发的规模要比超新星爆发小很多。每次爆发都会有一部分恒星外层物质从恒星表面脱离，大量飘向宇宙空间，形成一个明显的环状气体圈，而下一次也差不多是同样的状况。现在这颗恒星的质量已经和太阳差不多了，从理论上来说它已经爆发不了几次了。

现在猫眼星云成因的最合理的解释就是双星说，这种学说也要求两颗恒星的距离足够近，这样才能产生所需的条件，这样这两颗恒星无可置疑地被整个猫眼星云包裹起来了。现在主持双星说的科学家认为猫眼星云内部的两颗恒星都在向外周期性喷发物质，而且它们还围绕着质量中心运转，这样就会使抛撒出去的物质受到周期强烈的引力场变化的影响，从而造就猫眼星云那复杂的内部结构。

猫眼星云还算是一个年轻的星云，据估计它至少在1 000年以前就开始形成了，也就是说它内部结构是在最少1 000年内形成的，也许我们有希望观测到它的新气体圈的产生，这样可以部分解释它形成的原因。通过研究猫眼星云，我们可以看到我们的太阳未来的命运。

◆ 主序星形成的行星状星云

虽然超巨星的爆发最终产生星云和中心的恒星核，但是行星状星云并不一定都是超新星爆发形成的，一颗处于万年的巨星也可以形成星云。当一颗质量适中的恒星步入晚年的时候，它的体积剧增，恒星核的质量产生的万有引力不足以束缚所有外层物质，因此，在内部压力的作用下，一部分恒星物质就会以类新星爆发的方式向外释放物质，这些物质就有可能构成星云的气体壳层。

玫瑰星云

在距离地球大约3 000光年的麒麟座内有巨大而美丽动人的星云，它像一朵红色的玫瑰一样盛开在宇宙之中，向人类展示自然界无奇不有的一面，它就是玫瑰星云，一个弥漫星云。

玫瑰星云是一个发展到晚期的星云，像其他弥漫星云一样，玫瑰星云的颜色也是深红色，这是因为这个星云中大部分元素都是氢，这些氢元素所散发出来的光的频率在可见光的红色光段，所以整个星云就成为红色的了。在玫瑰星云的一些区域，因为含有氧元素，这些氧受到激发，就会释放出绿色光，因此这些区域略显绿色。而玫瑰星云散发出的蓝色光被认为是来自星云中的硫元素。通过分析这个星云的颜色，我们大概知道了玫瑰星云的来源。在原始的星云中很少会存在氧元素，更不用说硫元素了，这些元素多半来自一颗死亡的恒星。我们先来看看玫瑰星云大概的形成过程。

玫瑰星云中一些氢来自爆发的恒星，但是大部分氢元素本来就存在于宇宙空间之中。在很久以前，玫瑰星云还没有出现的时候，一群恒星走到了自己生命的尽头，相继发生超新星爆发，它们自身的组成物质也被抛向宇宙空间。这些被抛撒出去的物质含有氢、氧和硫等元素，这些来自不同方向的物质高速运动，撞击着宇宙中的星际分子云，把这些星际分子聚集到一起，形成

玫瑰星云 NGC 2237 是一个距离我们3 000光年的大型发射星云

玫瑰星云 NGC 2237 中心有一个编号为 NGC 2244 的疏散星团，而星团恒星所发出的恒星风，已经在星云的中心吹出一个大洞。

一个巨大而密集的大气团。在这些狂暴的星际物质剧烈的撞击中，一颗颗原始恒星出现了，经历了很长的时间，在星云的内部，一群新恒星诞生了，它们形成了一个密集的星团。自从它们内部的合成反应开始启动，它们就向外散发出大量的辐射，这些辐射使星际分子远离自己。经过数百万年的时间，这个新生的星团不断刮出的剧烈的恒星风把整个星云的内部清理得一干二净，制造出一个巨大的空洞，而在我们看来，这里则是玫瑰芯。这也是不可避免的事情，当星云中心形成了这样的恒星团的时候，在恒星团的附近就很难再形成新的恒星，因为形成恒星所需的物质被恒星团赶走了。

因为吹向各个方向的恒星风强度略有差别，所以玫瑰星云的花瓣部分也不尽相同，而且在花瓣部分也诞生了一些新的恒星，这些恒星也在制造空洞，这些分布在花瓣中的恒星把玫瑰星云的气体层撕得四分五裂，而玫瑰星云花瓣部分中的暗条，据估计是因为含有一些强烈吸收光线的元素，所以才会出现这么多的暗带。

在很久以前，大质量恒星的死亡造就了美丽神秘的玫瑰星云，而到了现在，玫瑰星云又创造了许多新生的恒星，随着这些恒星的发展，也许在将来这里会出现一朵快要凋零的玫瑰花，而经过亿万年后，在这朵凋零的玫瑰花之间，一个新的星云正在酝酿，也许它会是另外一朵花。谁能知道大自然会在未来创造出什么样的奇迹呢？

吸收光的元素

在很多星云图片中，我们经常会发现一些暗淡的区域，这并不是因为这里没有物质，而是因为这块区域含有大量吸收可见光的元素，比如碳元素。碳元素吸收了可见光，但是却不放出光线，或者放出的是人类的眼睛不能直接看见的光，这样星云中这块区域在我们看来就是黑的。

沙漏星云

在我们的印象中,当看到从沙漏中心流过的沙子的时候,总会不由自主地想起流逝的时间,现在,天文学家在宇宙中找到了一个有史以来最大的沙漏,在距离我们8 000光年的宇宙区域里,一个刚刚诞生的沙漏在为自己中心恒星的死亡做着最后的计时。

因为形状像一个沙漏,编号为Mycn18的星云被人们称为沙漏星云,这个有着奇怪形状的星云给了人类惊喜,也带来了很多问题。科学家们对这个星云的形成过程进行了分析,希望能够给出一个合理解释,现在我们来看看这个星云是如何一步一步形成的。

沙漏星云是由一颗类似太阳的恒星形成的,在诞生大约100亿年以后,这颗恒星走到了自己生命的末期,它变成了一个巨大、红色和更冷的红超巨星。在发生超新星爆发以前,这

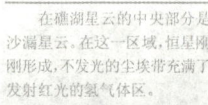

在礁湖星云的中央部分是沙漏星云,在这一区域,恒星刚刚形成,不发光的尘埃带充满了发射红光的氢气体区。

颗恒星外层的物质就开始脱离恒星，向着遥远的宇宙空间中飘散，这样的过程持续了一段时间，于是形成了包裹在中心恒星外面的气体壳层，看起来这颗恒星在发生超新星爆发以前曾经向宇宙中数次抛撒物质，在外面形成了多层气体壳层。但是这样的时间没有持续多久，随后一个必然的事情发生了，恒星上可用的核燃料已经所剩无几了，于是恒星内部的温度减小，伴随着温度的减小，恒星内部抵抗万有引力的压强也在减小。压强的减小使恒星失去了支撑自己身体

拍摄于1996年的"沙漏星云"Mycn18，距地球约8 000光年，是一个年轻的行星状星。

的能力，远离恒星核的物质可以飘散到宇宙空间中，但是距离恒星核较近的物质还是会受到较强的引力。因为没有足够的支撑力，在恒星核的吸引下，恒星外围的物质开始向着恒星中心前进。这些物质并不能到达恒星核，因为恒星内部还是有足够的温度来抵抗外层物质的，不过随着死亡前的恒星体积的缩小，恒星内部最后剩下的核燃料猛然被点燃，于是光压迅速超过了引力压，结果就是恒星发生超新星爆发，迅速地抛出大量的物质。这些物质在扩散的时候遇到运动缓慢的星云，于是就与这些星云物质撞击。沙漏星云内部明亮，一部分原因是因为这里有恒星爆炸剩下的高温白矮星存在，另外因为爆发时间不长，所以内部物质的温度比较高，而且这里的气体分子相互撞击，产生了大量的光辐射。

　　沙漏星云中心的白矮星并没有处在星云的中心，一些天文学家猜测这可能与白矮星运动的方向有关。在沙漏星云的图片里，我们经常会看见中心恒星旁边有一颗较为明亮的恒星，虽然有科学家认为沙漏星云中心的恒星可能是一个双星，但是就现在的研究，科学家认为这颗恒星与沙漏星云中心的白矮星的运动没有明显的联系。

　　再向外辐射能量就意味着白矮星的能量会减少，而它却没有稳定的能量来源，随着时间的流淌，这颗白矮星的亮度会逐渐地暗下去，直到最后失去发射可见光的能力，变成一颗黑暗的黑矮星。到了那个时候，这个星云也许早已经扩散到宇宙之间，成为宇宙星际分子，而到那个时候它的计时任务也已经完成了。

> ◆ 沙漏星云中的双星
>
> 　　一些天文学家提出在沙漏星云的深井里存在一对双星。其中一颗就是那颗明亮的中心恒星，另外一颗子星现在还没有发现，但是它的引力却对沙漏星云的形状产生了影响，使它成为现在我们看到的这个样子。不过在观测证据出现以前，这种理论还只是假说。

蝴蝶星云

在南半球星空中有一个叫作蛇夫座的星座,这是一个有着美丽传说的星座,是古希腊传说中的神医阿斯克勒琶的化身,而就在这个星座内,距离地球约2 100光年的地方,飞舞着一只无比巨大、美丽非凡的蝴蝶,它就是蝴蝶星云,一个行星状星云。

蝴蝶星云是大自然创造的又一个奇迹天体,它带给人类许多不解之谜,因为这个行星状星云的形状与理论设想的经典行星状星云形状有很大的不同。按照现有的星云形成理论,行星状星云的内部是中心恒星,外层是围绕着中心恒星的气体层,但是蝴蝶星云的形状却十分夸张。蝴蝶星云的外层物质看起来好像都是从恒星的两极喷发出来的,这些物质从中心恒星的两极向宇宙深空蔓延,构成了一对巨大的蝴蝶翅膀,但是在另外的地方,却没有这么多的物质,因此蝴蝶星云成了一个细长的星云。科学家到现在还不清楚是什么力量限制了灼热气体的运动,使它们表现出如此奇怪的运动方式,为此,天文学家们提出了很多不同的理由,试图解释蝴蝶星云形状的来源。

在爆发以前,蝴蝶星云中心的恒星是一颗类似太阳的低质量恒星,按照恒星演化理论,它最后会形成一个行星状星云。现在很多天文学家认为在蝴蝶星云内部存在一对双星,由于这对双星周期性地运转,而它们的引力方向也周期性地改变,因此,当明亮的主星喷发出物质的时候,这些物质就会受到运动的伴星的引力影响,以很高的速度冲向伴星,而当伴星改变自己的位置的时候,这

恒星蛇夫座ρ附近区域,其中包含了恒星天蝎座α和球状星团M4。

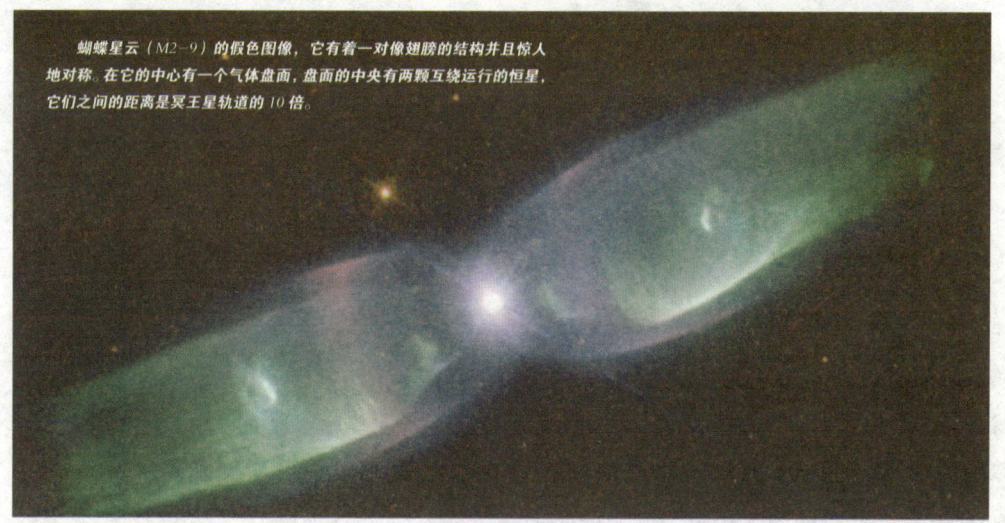

蝴蝶星云（M2-9）的假色图像，它有着一对像翅膀的结构并且惊人地对称。在它的中心有一个气体盘面，盘面的中央有两颗互绕运行的恒星，它们之间的距离是冥王星轨道的10倍。

些物质就会错过伴星而冲向宇宙空间，经过很长时间以后，这些物质就会沿着主星两极的方向分布。当主星发生新星爆发以后，大量的物质被抛撒出去，这些物质在伴星的影响下以同样的路径和方式运动，这样最终形成这个有着奇怪形状的行星状星云。这就像喷气飞机的发动机一样，发动机吸进冷空气，然后使这些空气以更快的速度被喷出去。根据观测，天文学家估计这两颗双星的子星之间的距离很大，大约是太阳到冥王星距离的10倍。虽然它们的距离是如此的长，但是蝴蝶星云的长度有0.16光年，双星的距离只有星云长度的五万分之一，所以伴星也被包裹在了星云之中，难以被人们观察到。

在星云内部，明亮的白矮星辐射出极强的能量，其中包括可见光和紫外线，紫外线等高能量辐射被中心恒星附近的气体分子吸收，激发这些气体分子辐射出能量较低的光，一半是可见光，这样星云中心显得尤为明亮。

蝴蝶星云的气体层中也含有不同的物质，比如氢、氮、氧和碳等元素，这些元素受到激发的时候也会发出不同颜色的光，在恒星附近，这些不同元素发出的不同颜色的光混杂在一起，于是我们看到了白色的光。但是在星云边缘，由于不同的元素受到的作用力不同，那些轻元素更容易运动到远处，而重点的元素运动得慢一些，这样元素分开了，星云不同部分的颜色也可有差异。当然，温度也对星云物质发出的颜色有很大的影响。

◆ 蝴蝶星云的发现

1947年，美国天文学家鲁道夫·闵可夫斯基发现了蝴蝶星云，从那时起，天文学家们就被这个星云吸引住了。在哈勃太空望远镜开始工作以后，观察蝴蝶星云也成为一个很有意义的重要工作。通过哈勃望远镜发送回来的清晰的图片，科学家们获得了更多的研究蝴蝶星云的资料，不过现在天文学家对蝴蝶星云形成的物理机制还有争论。

蛋形星云

距地球约3 000光年的"蛋形星云"CRL2688。其中央的恒星与太阳类似，它成为一颗红巨星还不到100年。

在距离我们地球有3 000光年远的天鹅座一块区域里，一个垂死的红巨星就像将要出壳的小鸡啄去蛋壳一样，把自己外层的物质抛撒到宇宙空间中去。这些抛撒出去的物质围绕在这颗红巨星的周围，形成一个原行星状星云，我们称它为蛋形星云。

在蛋形星云的中心，有一颗和我们的太阳类似的恒星，不过它已经步入一颗主序星的晚年，成为了一颗红巨星，由于缺乏足够的引力，它的恒星核已经不能有效地束缚自己的外层物质，这些物质获得了足够的速度，纷纷从恒星上逃脱，冲向了广阔的宇宙，而恒星核则在收缩为一颗白矮星。这个进程大约起始于几百年前，经过这么长时间的物质抛撒，时至今日，能够被我们看见的物质弥漫区已经穿越了0.6光年的距离。

对像太阳这样的恒星来说，进入红巨星时代只是时间问题，从这个时候开始，它们就开始向外抛撒大量的物质，这些物质通常是为未来的行星状星云打下一个基本外形，这样的星云被称为原行星状星云。在质量丢失时代，红巨星的质量丢失速率并不是均匀不变的，而是在不断地周期性变化的，比如一个红巨星在丢失大量自身物质后，它的物质丢失率就会降低，然后再慢慢增长，这样未来形成的行星状星云的形状和结构就会变得复杂。在这个时期里，一颗恒星将损失掉很大一部分自身质量，而恒星核则在缓慢地凝聚成一颗白矮星。

56

现在蛋形星云正处在这样的时期，中心红巨星抛出的物质已经在自己的周围形成了一个被自设物质包围的区域，在这个星云里，物质一层一层地围绕着中心恒星，如同树木的年轮一样。就像树木的年轮可以帮助我们分析树木的年龄等信息一样，这些环状的物质圈也可以帮助我们了解这颗红巨星物质喷发的速率，进而推断这颗红巨星的寿命。正是通过这样的分析，科学家们相信这个红巨星已经踏进了死亡的大门，也许再过几千年时间，这颗红巨星的生命就会终结，而到那个时候，一个新的行星状星云才真正开始形成。通过研究这个星云，科学家们获得了很多关于恒星晚年演化的数据，并进一步地完善了我们现在的恒星演化理论。

蛋状星云外层物质像茧一样包裹着恒星，以至于恒星的星光不得不从一些特定的区域里通过，这些区域里的物质密度低，光容易通过，而在物质密度高的地方，大部分光会被反射回来，这样在蛋形星云里，我们可以清楚地看见几道明亮的光路。这些光有一部分逃脱了蛋状星云物质的阻挡，传播到了地球，因此我们才能看到这个星云，并研究它。在蛋形星云中心有一片阴影，这使蛋形星云中心看起来好像有两颗恒星，实际上这是因为这里的宇宙灰尘密度大，光线无法从这里穿过并传播到地球，于是我们就看到在蛋形星云的中心出现一条暗带。

因为蛋状星云距离我们约有3 000光年，光需要约3 000年的时间才能传播到地球，也许现在蛋状星云已经不存在了，我们看见的只是时间留给我们的一个幻影。

为什么要用红外线探测星云

如果你对天文图片感兴趣，就会发现天文学家喜欢探测来自星云的红外线，这是因为红外线很难被星云中的物质吸收，所以红外线可以携带更多关于星云的信息，尤其是星云温度的变化。另外，和其他电磁辐射相比，红外线的频率跨度大，探测容易，能获得更多的信息等。

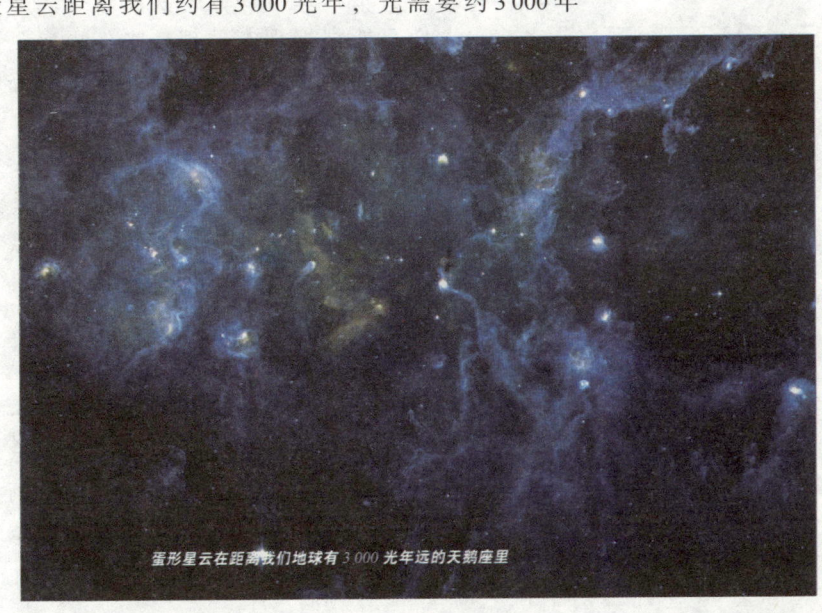

蛋形星云在距离我们地球有3 000光年远的天鹅座里

奇妙的宇宙

如果你不知道蓝色光最容易被大气散射，那么白天天空的颜色对你来说就是一个无法解开的谜；如果人类没有天文望远镜，永远也不知道土星外还存在两颗太阳系大行星；如果人类从来没有向月球发射探测器，我们就永远不会知道月球背面是什么样子。总之，如果我们不十分了解某个世界，那么这里就有许多不解之谜。虽然我们在地球上生活了这么长的时间，这里依然存在着很多有趣的秘密，通过人类长期不懈的努力，一些秘密的谜底已经被我们揭开了，即便如此，我们周围还是存在着许多不解之谜，对于庞大的宇宙更是如此。

作为大自然最伟大的杰作，宇宙至今还存在许多奇异的现象，这些现象背后存在着为人类所不知的秘密，这些秘密使宇宙被神秘的色彩所笼罩，吸引着人类去探索和思考，揭示这些秘密的答案。但是在没有彻底揭开掩盖在这些秘密之上的帷幕之前，人们只能根据现有的理论来作出自己的猜测，来给这些现象以尽可能合乎情理的解释，这些解释能够初步消除普通人的疑惑，但是对专业的天文学家来说，这些解释也许十分牵强，显然问题的答案没有被完全揭示出来。

几乎所有的科学家都认为人类至今还没有完全了解大自然创造的宇宙万物变化的规律，但是人类已经掌握了足够的知识来解释日常生活中一些常见的现象。因为这些理论就是从我们日常生活或者科学实验中得到的，但是在宇宙这个最完美的实验室里，人们感觉到自己的知识实在是不够用。比如现在的物理理论认为所有物体的移动速度都不会超过光速，在地球实验

蜘蛛星云的中心，藏着一个非常不寻常的星团。这个称为NGC 2070或R136的星团，是许多炽热年轻恒星的家园。

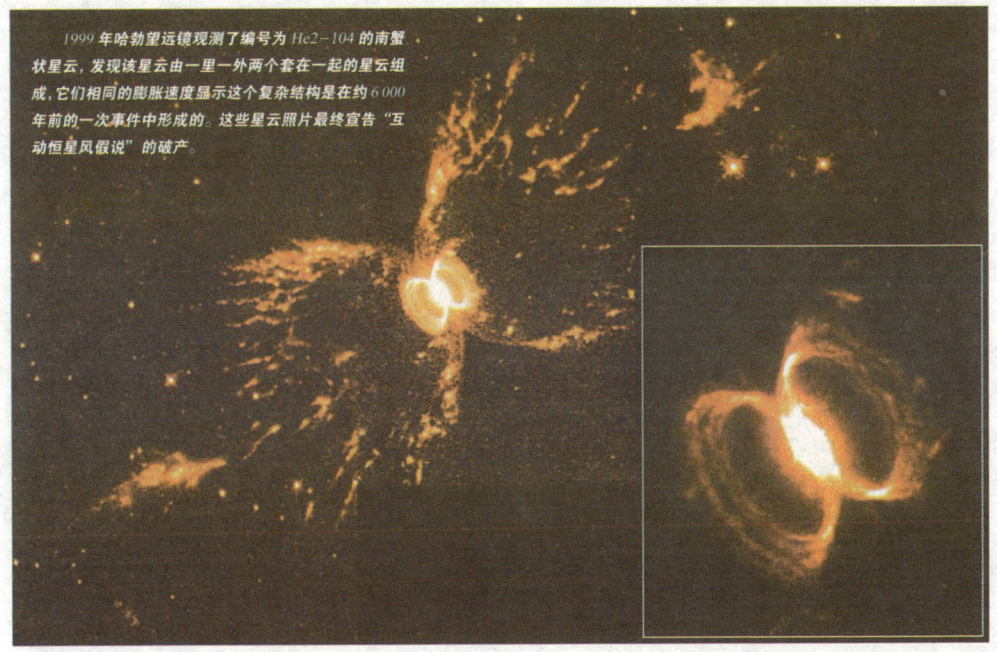

1999年哈勃望远镜观测了编号为 He2-104 的南蟹状星云，发现该星云由一里一外两个套在一起的星云组成，它们相同的膨胀速度显示这个复杂结构是在约6 000年前的一次事件中形成的。这些星云照片最终宣告"互动恒星风假说"的破产。

室中，这个结论被验证是正确的，但是在宇宙中却偏偏出现一些挑战这些理论的现象。一些天文学家观察的数据表明一些天体的移动速度超过了光速，而且这种现象出现不是一次了。如果这些天体运动的速度超过了光速，那么我们的理论就不可避免地要重写；如果它们的运动速度没有超过光速，那它们表现出超光速运动现象背后的科学规律是什么呢。无论那些天体的运动速度是否超过了光速，人类的科学知识都受到了挑战，当然这也为我们科学知识体系的扩大提供了机会。

另外一个有趣的现象是后面会讲到的四核星系的现象，在现有的天文观测中，所有规则的星系都只有一个核心，即使在大部分不规则星系中出现多个核心，这些核心也是有足够的距离的，所以四核星系的出现的确让天文学家大吃一惊。虽然这个现象在现有理论下得到了初步合理的解释，但是它还是像一团迷雾一样困扰着我们，因为问题没有这么简单，很多科学家还在为揭开这些谜团而努力工作，也许这会花费很多时间。

奇妙的宇宙现象还有很多，它们的发现令天文学家吃惊，同时也暴露出人类现有知识体系的不足和局限，这也使人类勇敢地迈出自己探索的步伐，探索宇宙奥秘，为这些现象寻找更合理的解释。

◆ 观测宇宙现象

在现在，天文学家们观测宇宙的方式和技术有了非常大的改进，不仅可以用大型光学望远镜直接观测遥远星体，而且还可以用不同的电磁辐射探测器来探测那些不可见的电磁辐射。比如红外线、紫外线、X 射线或伽马射线，有了这些设备，天文学家可以观测到更多的宇宙现象，增加人类的见识，为人类知识的发展提供事实基础。

类星体

现代探测技术的出现大大开阔了人类的视野，也为天文学家发现新的宇宙天体创造了机会，在20世纪60年代，一种新的天体被发现了。从拍摄的照片看来，这种天体和恒星十分相似，这种新天体起初被命名为类恒星射电源，随后就被称为类星体，但是后来科学家发现许多类似的天体并不辐射射电信号，因此就被称为类恒星物体，现在习惯上依然称它们为类星体。而现在，类星体成为宇宙中最神秘的天体之一，它包含了许多难解的谜团，不断地挑战人类的智慧。

类星体一般来说距离地球很远，大多在百亿光年以上，这可能是因为它们产生得很早的缘故，但是类星体的光谱变化却显示它的运动速度快得超出了想象。通过计算，人们发现它的运动速度甚至超过了光速，这与人类现有的知识产生了冲突。一些科学家认为人类现有的知识会因为类星体的出现而被修改，而另外一些科学家认为类星体运动的速度只是看起来超过了光速，实际上并没有超过光速。举个简单的例子，在观看星空的时候，我们经常把"目光"从一颗恒星移动到另外一颗恒星，而这两颗恒星之间的距离可能有上千光年，从这两颗

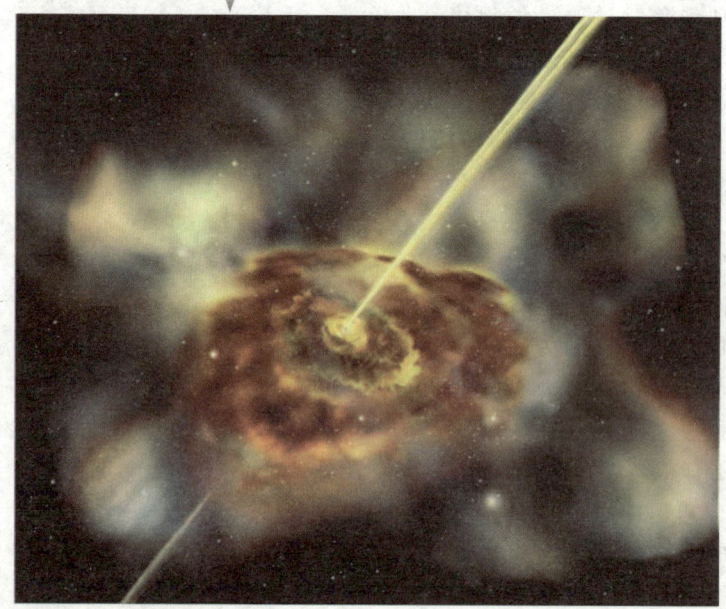

艺术家笔下的类星体想象图

恒星上的观察者看来，我们自身在一瞬间就移动了上千光年，但实际上我们并没有移动得那么快。

绝大部分类星体的电磁辐射十分安静，而详细的研究资料显示一些类星体会向外抛撒出暗淡的物质喷流，但总体上来说类星体在向外辐射大量的能量，如果这种行为一直持续下去，即使类星体的质量再大，也会有消失的时候。现在科学家们发现的类星体距离我们十分遥远。

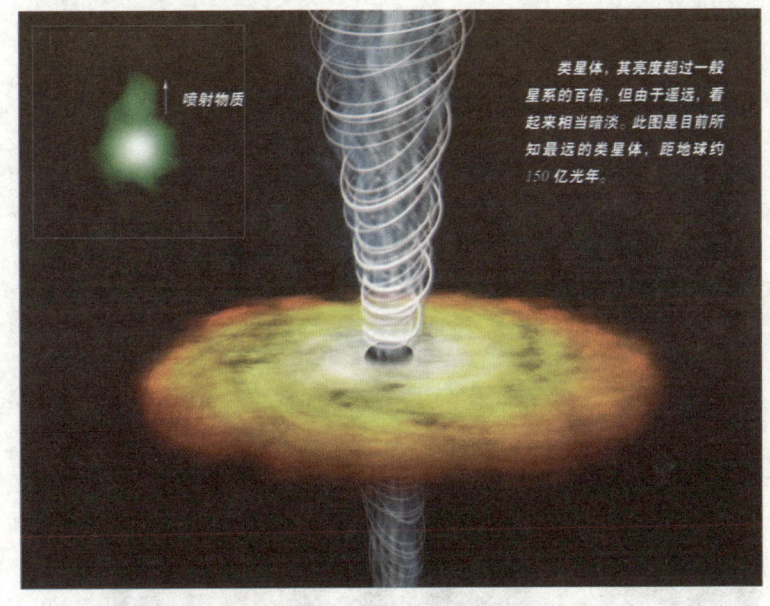

类星体，其亮度超过一般星系的百倍，但由于遥远，看起来相当暗淡。此图是目前所知最远的类星体，距地球约150亿光年。

类星体留给人类的另外一个谜团就是它的亮度，因为类星体离我们非常远，所以我们凭借肉眼是看不见类星体的，但是通过观察，科学家发现类星体非常明亮，甚至比一个星系还要明亮。类星体的亮度还会发生变化，有时候这种变化周期的时间是以小时来计量的，这说明类星体存在一个十分紧密的辐射源，它的所有的辐射都来自这里。类星体强大的辐射预示着它具有非常大的质量，而如果它的质量非常密集，那么人们就会很容易地想到一个结论：类星体内部有一个黑洞，这个黑洞非常饥饿，它疯狂地吞噬自己所在的星系的物质，使这些物质集中在自己周围。但是在吞噬物质的时候，许多物质都被转化为电磁辐射，逃出了黑洞的嘴巴。

现在，一种观点认为在宇宙诞生初期，因为物质比较集中，所以宇宙中充满了类星体。随着宇宙的扩张，宇宙中的物质密度也开始下降，于是很难再形成像类星体这样的奇怪天体了。科学家认为类星体是远古宇宙留给我们的一个很好的礼物，通过研究这个礼物，我们可以看见百亿年前的宇宙。

◆ **第一个被发现的类星体**

一个代号为3C273的星体是第一个被人类发现的类星体，在1963年的时候，当射电望远镜刚刚发展起来的时候，天文学家就探测到了这个类星体。虽然距离我们有几十亿光年，3C273的视星等依然达到了12等，对肉眼观测来说它的确太暗，但是对天文学家来说它已经十分明亮了。

超光速幻象

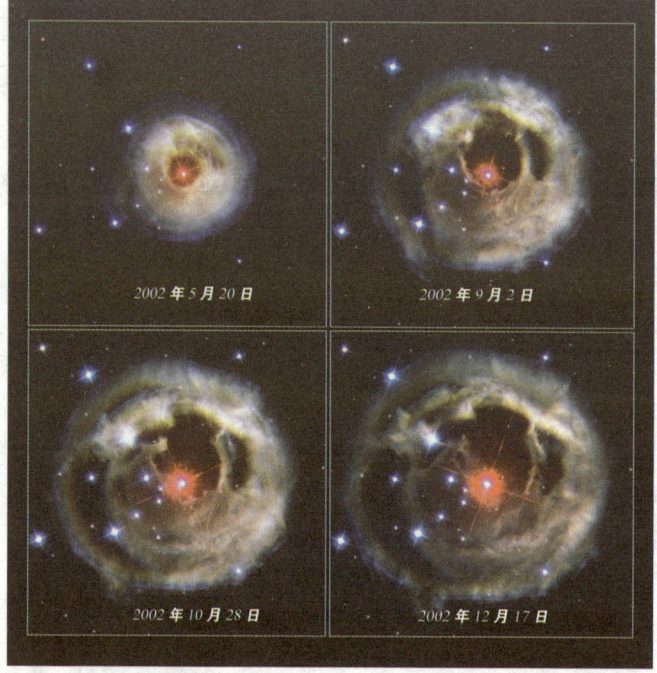

美国航空航天局公布的由哈勃天文望远镜拍摄到的照片。图片显示出麒麟座变星 V838 在2002年5月20日、9月2日、10月28日和12月17日不同时期的三维图像。

从2002年4月开始,哈勃空间望远镜对一颗位于麒麟座的恒星V838的类新星爆发进行了长达7个月的跟踪拍摄,哈勃空间望远镜发送回来的图像让天文学家大吃一惊,麒麟座V838爆发时产生的物质在7个月的时间里穿越了5光年的距离。

现在大部分科学家认为光速是宇宙中物质运动的极限速度,宇宙中没有哪个物质的速度会运动得比光还快。显然是某一些原因造成了这种超光速的幻象,科学家认为是围绕在麒麟座V838周围的星际灰尘制造了这场恶作剧。现在我们来看看大自然是如何用星际灰尘来为我们上演这一场精彩的魔术的,首先我们需要了解一点关于光和星际灰尘的常识。

光虽然是一种电磁波,但是在没有阻碍的时候,它会沿着直线传播,当光在传播中遇到障碍物的时候,如果障碍物的尺寸比光的波长大得多,那么光就会被阻挡,进而改变传播方向,这种光学现象被叫做光的反射。几乎任何物体都可以反射光,即使那些看起来透明的物体也会反射一部分光线。星际尘是指那些飘散在宇宙空间中的物质,它们一般是由很多分子组成的,因此它们的尺寸要比星际分子大很多。密集的星际灰尘对恒星的运动影响不大，但是它们对恒星光的传播影响就比较大了，它们会阻碍星光的运动，改变光的传播方向，制造出一些奇妙的光学现象，这次，它们又成为大自然表演魔术时巨大的遮盖布。

现在这场魔术开始了：在很久以前的某个时间里，麒麟座 V838 发生了一次类新星爆发，我们不知道这之前它进行了几次爆发，但是在这颗恒星周围很大的区域里充满了宇宙尘，我们相信这些宇宙尘中有很大一部分来自这颗恒星，其余的来自宇宙空间，也许是来自围绕这颗恒星运动的彗星。类新星爆发发出了强烈的光线，这些光迫不及待地离开了产生自己的恒星，以宇宙中最快的速度奔向空间，但是它们遇到了围绕在恒星周围的宇宙尘。这些灰尘的质量足够大，以至于来自恒星的光不能立刻对它们产生影响，光反而被反射了。一部分光被宇宙尘反射向地球，而另外一些光穿越了宇宙尘，继续向外传播。但是恒星周围布满了宇宙尘，它们穿越了第一层宇宙尘，却在遇到下一层宇宙尘的时候被反射，又有一部分光被反射向地球。这样的景象一直持续到数光年远的地方，才因为光强度的减弱而消散下来。

那么我们看到了什么呢？当第一层光被反射过来的时候，我们看见恒星附近周围产生了一个光圈，当第二层宇宙尘反射的光传播过来的时候，我们看见了第二个光圈，第一个消失了。实际上，这些光圈之间的距离非常小，以至于我们以为这是一个不断向外扩散的连续光圈。当离麒麟座 V838 5 光年远的地方的宇宙尘把光线反射过来的时候，实际上光已经在被宇宙尘包围的区域里运动了至少 5 年以上，但是它们却在 7 个月的时间里连续被哈勃太空望远镜接收到，于是我们就看见一个在 7 个月内扩大了 5 光年距离的光圈。

怎么样，大自然的这个魔术是不是很精彩？

麒麟座 V838

麒麟座 V838 是一颗离我们有两万光年距离的红超巨星，它本来十分暗淡，但是在 2002 年的爆发（实际上是 2 万多年前）使它的亮度大为增加，是太阳的 60 万倍。而麒麟座 V838 类新星爆发时产生的这种奇妙的现象被称为光回波现象。因为宇宙尘的尺寸和一些光的波长差不多，因此，一些光在宇宙尘中传播的时候，就有可能绕过宇宙尘，不过总的来说，它们被反射的可能性更大。

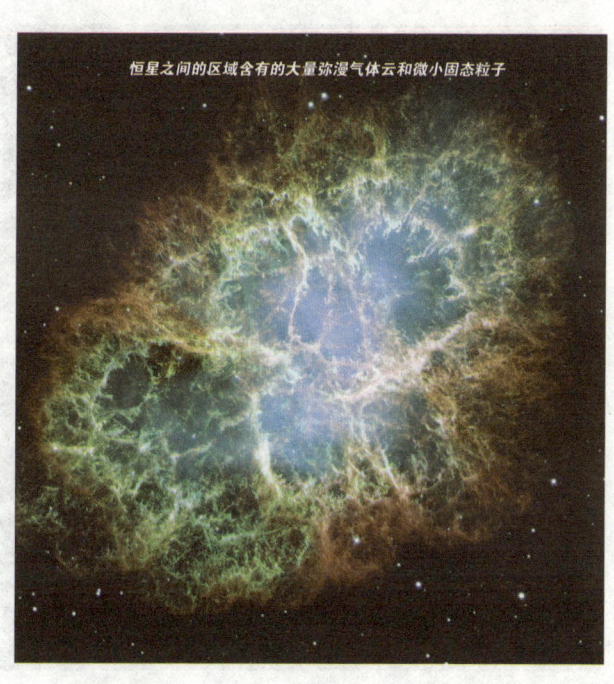

恒星之间的区域含有的大量弥漫气体云和微小固态粒子

磁星的磁场

比如我们地球就有磁场，其他行星都有磁场，而离我们最近的恒星太阳也有强大的磁场，它们的磁场产生的原因略有差别，但是都是来自运动的带电粒子。对于其他类似太阳的恒星，我们完全可以认为它具有磁场，但是在发现白矮星和中子星之前，对它们是否具有磁场，科学家就无法做出准确的判断了。

对于人类来说，有时候大自然只能被认识，而无法被猜透，在中子星被发现以前，没有人会想到中子星具有磁场。1967年，中子星发射的射电信号被观测到了，中子星具有磁场已经是毋庸置疑的事实，而在此之前，白矮星也被探测到具有磁场。当一颗中子星具有超级强大的磁场时，你猜一猜它会叫什么？是的，它就叫磁星。磁星的磁场有多么强大呢？我们可以比较一下，地球也具有磁场，这样的磁场可以使指南针偏转，从而指引方向；一些工厂里有产生强磁场的设备，这些设备产生的磁场是地球磁场的10 000倍，它可以把几吨重的钢铁轻松地吸起来；在实验室里，科学家们制造的磁场强度是地球磁场的10万倍，可以约束那些高速运动的带电粒子，使它们按照设想的路线行进；而在太空中，一

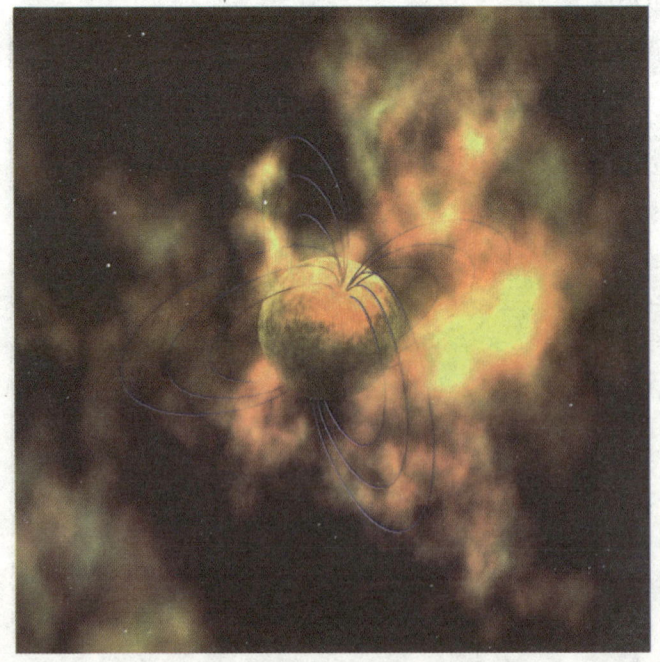

磁星是由高密度中子组成的中子星，其磁场较地球上的任何磁铁都要强出数10亿倍。它们大约每10秒钟会释放出X射线，偶尔也会释放伽马射线。

颗磁星的磁场强度是地球磁场的1亿亿倍，它是目前我们发现的宇宙中最强大的磁场。如果把这样的磁星放在月亮和地球的中间，那我们的生活可就乱套了；所有的通信设备都会被磁星强大的磁场摧毁；信用卡等东西会因为磁场紊乱而不能使用；铁制的钢笔套将在磁星的吸引下飞离地球；甚至移动一根金属条都可以感觉到有电流产生。也许这样的事情对人类产生的影响仅次于地球失去重力的后果，不过幸运的是这样的事情在现实生活中不太可能发生。

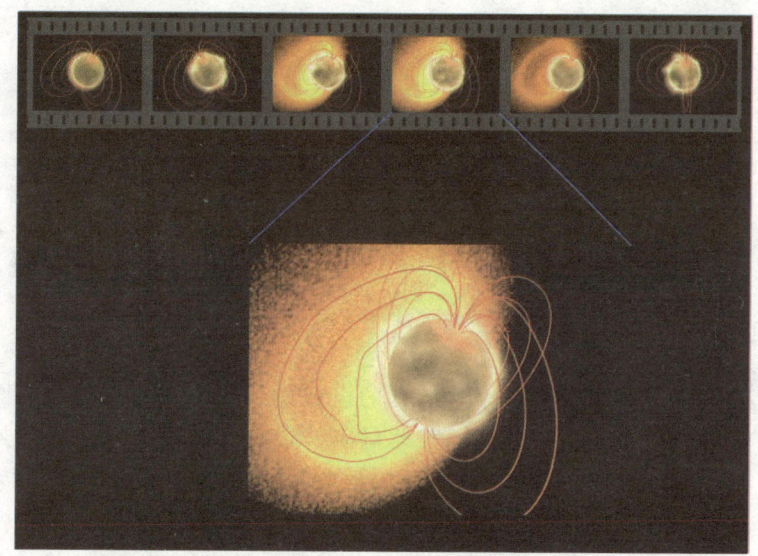

磁星强大磁场的效果图

磁星如此强大的磁场是怎么来的呢？现在科学家普遍认为磁场只是带电粒子运动的时候产生的一种物理场，只要有变化的电场，就会在电场附近产生磁场，磁场的大小与电场强度和变化速度有关。在理论上解释这个问题是一件非常麻烦的事，不过在不引起误解的情况下，我们可以把磁星磁场的来源也看做是微观带电粒子规则地运动产生的。在磁星里万有引力产生的压力非常巨大，而抵抗这种压力的是大量剧烈运动的中子，这些中子比较规则地排列着，为一些带电粒子创造出特定的通道，这些带电粒子就在中子围成的管道里做高速超流运动，于是强大而规则的磁场就产生了。作为中子星的一种，磁星的质量非常大，而在它内部运动的带电粒子也极多，一些天文学家估计这些带电粒子总质量比地球还要大，如此多的带电粒子在狭小的磁星里有规则地运动，结果就创造出目前人类已知的最强大的磁场。

在无尽的宇宙中还存在许多磁星，它们的运动和磁场变化也是现代天文学家和物理学家感兴趣的研究对象，了解磁星磁场的来源可以帮助我们更好地认识这个宇宙，这也是科学家不懈追求的目标。

◆ 宇宙中的磁星

并不是所有的磁星都会被探测到，科学家只是根据现有的观测数据才发现磁星具有强大磁场的，也就是说我们对磁星的研究才刚刚起步，所以天文学家对磁星磁场的来源也有诸多的争议，这些争论会对磁星研究起到巨大的推动作用。

伽马射线爆发

在所有的电磁谱线里，伽马区电磁辐射的能量是最高的，与此对应，它们也很难产生，只有在一些温度极高的区域。新生的恒星或正处于收缩时的恒星核中等物质活动非常剧烈的区域才会产生伽马射线，所以探测伽马射线也可以帮助我们把天体及其活动看得更清楚。

自从伽马射线探测器开始用于探测宇宙空间以来，天文学家们用这个新眼睛看见了以前不为人知的全新的宇宙。在伽马射线探测器的探索下，我们看到死亡的主序星重新又复活了，在它们残留的恒星核的收缩过程中释放大量的伽玛射线，成为宇宙中耀眼的斑点。但是总体上来说，伽马探测器看见的宇宙更加黑暗，比我们在夜晚直接看见的星空要黑得多。在这个一片漆黑的宇宙里，发射伽马射线的恒星、星系核和其他一些天体像明亮的灯塔一样，照亮了宇宙。

对于一些活动比较稳定的天体来说，它们可以持续稳定地释放伽玛射线，对另外一些活动规模变化很大的天体来说，伽马射线的辐射更是惊人，有时候会产生一种称为伽马射线爆发的物理现象，于是在伽马射线探测器看来，黑暗的宇宙中突然出现一个明亮的光点。

距地球130亿光年处恒星爆炸发出的伽马射线

目前科学家还不清楚伽马射线爆发产生的物理机制，但是大体上知道产生伽马射线的几个原因。在我们地球上，当一些放射性原子的原子核发生变化的时候，就可能有伽马射线产生。所以，处于晚年的大质量恒星就成为伽马射线爆发来源之一，当它的恒星核在自身质量下开始收缩的时候，原子核因为被破坏而丧失质量，其中有一部分质量转化为伽马射线。有时候，当恒星核收缩得非常厉害的时候，就会在很短的时间里

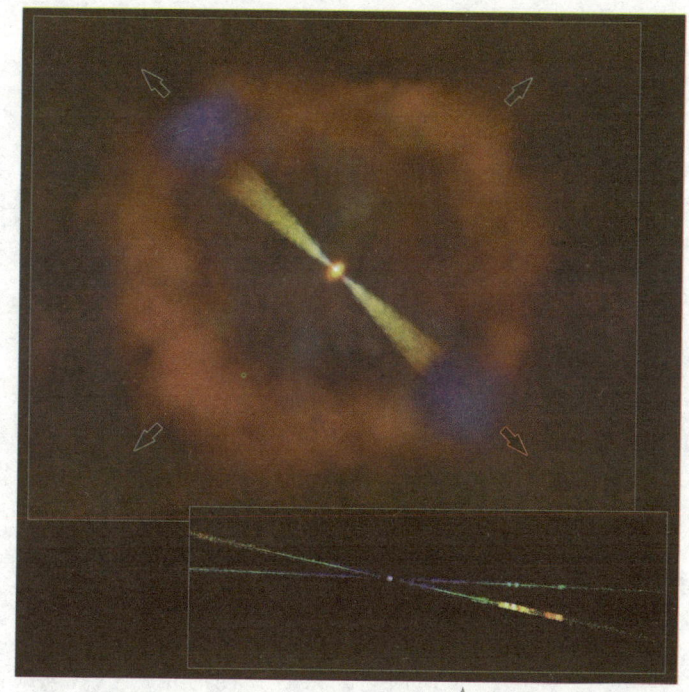

"钱德拉"X射线观测望远镜对GRB 020813伽马射线爆发生成的余辉进行观测的结果是，超新星爆发时特有的元素含量增高。

释放大量的伽马射线，形成伽马射线爆发。这只是现在科学家对伽马射线爆发做出的一种比较合理的解释，这个解释也有许多不能说明的地方，比如伽马射线爆发总是有特定的方向。

伽马射线爆发通常会释放非常大的能量，这使产生伽马射线爆发的区域显得分外明亮，它的亮度超过了超新星爆发产生的亮度，是太阳亮度的百亿亿倍。不过伽马射线爆发释放的光线频率远高于可见光，所以我们用眼睛是看不见它的，而且大部分伽马射线爆发的发生区域离地球很远，它们对人类生活的影响也很微小。

除了在中子星的前身恒星中会产生伽马射线爆发以外，在星系中心也会有伽马射线爆发现象产生，目前天文学家还不清楚这种爆发产生的原因，不过很多科学家相信这里的伽马射线爆发也产生于大量原子核短时间内的改变，也许是来自更剧烈的恒星坍缩。

作为最剧烈的天体活动表现之一，伽马射线爆发的探测成为天体观测的重要目标之一，但是伽马射线爆发的发生时间和地区都是不可预测的，而且伽马射线爆发产生的伽马射线传播方向不一定是朝向地球的，所以人类只能探测到一部分伽马射线爆发活动。

◆ 伽马射线的发现

早在19世纪末期，法国物理学家贝克勒尔就发现铀盐能释放某种看不见的射线。后来人们利用磁场把铀盐释放的射线分成了三部分，而其中不在磁场中改变方向的那部分辐射就是伽马辐射。伽马辐射穿透力强，而且方向性好，因此被用来探测金属物体，或者用于杀死癌症细胞等。

恒星联盟

自从宇宙诞生万分之一秒以后，万有引力就出现在宇宙中，成为这个世界最基本的作用力之一，每一个有质量的物体都会受到万有引力的作用。恒星世界里规则就是在互相吸引的万有引力基础上形成的，在互相吸引之下，恒星们组建起联盟，以聚合的方式存在于宇宙之间，展示着集体的力量。

在一些区域里，恒星在诞生之前就已经开始互相吸引了，在形成恒星的气团里，不同的质量中心吸引着周围的气体物质向它们聚拢，同时也吸引着其他的质量中心——原始的恒星，当然它自己也受到了吸引。这些原始的恒星因为互相吸引而不断地运动，它们既具有整体性运动，同时又在相互影响下进行自己的运动，但是这些原始的恒星不太可能因为互相吸引而碰撞，因为大自然给予了它们足够的空间来使它们互相避开。

下图中的矮星系 NGC 1569 就正在历经着一次大量的恒星形成活动

当恒星形成以后，虽然看起来它们之间的空间被清扫干净了，但是它们之间那看不见的手却在互相握着，这是使它们建立同盟的力量——万有引力。在这种作用下，恒星们组建起了大小不一的联盟，有的联盟的范围非常小，只有几千万千米，有的却非常大，有数万光年，这要看这些恒星联盟的组成方式和运动状态了。

在宇宙中，恒星的数目非常之多，它们组成的天体也多种多样，经过140亿年的发展,到了今天,以恒星为基本组成单位的天体多不胜数,因此,我们可以认为恒星之间的结盟是必然的,看起来大自然很喜欢让自己的创造物聚在一起,不管是为了什么目的。

"NGC 281是个忙碌的恒星制造工厂,显著的特征包括一个小型的疏散星团,一个发出红色弥漫辉光的发射星云,大量掩光的尘埃和云气带,以及可能现在还在形成恒星的气和尘埃"

在诸多的恒星同盟中,有的同盟非常紧密,外界力量很难打破它们的联系,有的联盟就非常松散,这样的天体的结构也是脆弱不堪的,很容易被破坏。比如两颗互相绕行的恒星之间的平衡很难被破坏,但是一些星系确会被遥远的星系破坏。在宇宙中,天体结构对其存在有很重大的影响,那些结构紧密的天体往往会在天体的斗争中生存下来,甚至会变得更强大,尤其是对那些非常巨大的天体来说,这种规律十分明显。

现在我们所观察到的恒星同盟有双星、合星、星团、星系和星系团,这些大大小小的恒星王国的法律和行为准则都是依据万有引力定律制定的,这些准则允许或者禁止恒星的行为,比如在星系里,它允许恒星绕着星系核运动,但是却不允许恒星跑到星系外去。当然这些准则并不是什么时候都起作用的,当星系之间互相吸引的时候,这些准则就可能被改变,一个星系的成员就有可能被来自另外星系的引力吸引走。

总之,因为恒星分布和质量的原因,恒星体系的形成也不尽相同,但是这个体系的形成遵守着一些相同的规则,所以恒星联盟的形成还是有规律可循的。现在我们一起来看一看恒星之间各式各样的联盟吧,我们先从最简单的双星系统开始,看看恒星是如何形成结构复杂的天体系统的。

◆ 天体之间的距离

茫茫宇宙广阔无边,人类在地球上所制定的长度单位对宇宙来说实在太不合适了,于是天文学家们为宇宙量身打造了天文距离单位。对太阳系来说,最常用的单位是天文单位,一个天文单位的距离相当于太阳到地球的距离,大约是1.5亿千米,而对于宇宙,天文学家使用最多的则是光年,一光年的距离大约是9.5万亿千米。

双星

天狼星伴星的发现

在19世纪上半叶的时候，英国天文学家贝塞尔发现天狼星的运动轨迹不是规则的曲线，而是波浪线。根据牛顿的万有引力定律的计算，他相信天狼星旁边可能存在一颗大质量的伴星，真是因为伴星的吸引，使天狼星的运动轨道发生了波动变化。但是因为当时的观测手段的落后，贝塞尔最终未能观测到这颗伴星。

当我们仰望星空的时候，会发现许多恒星之间的距离很近，它们也被称为双星，不过它们很多都是看起来像双星，实际上并没有太大的联系，有的之间的距离甚至达到几十光年，这类双星被称为视双星。我们所关注的是那些在万有引力作用下互相绕行的双星，这类双星离得非常近，称为物理双星，物理双星又分为分光双星和食双星。

双星是宇宙中最常见、结构最简单的天体，它们之间的联系之所以不太可能被破坏，是因为它们一般离其他恒星很远，受到的引力影响有限。大部分能稳定存在的双星都是互相绕行的，这样它们之间就会存在一个抗拒万有引力的趋势，使自己不至于因为万有引力作用而相撞。

在双星世界里也有许多有意思的故事。有的双星系统中一颗恒星非常大，而且非常明亮，而另外一颗恒星非常小，并且暗淡无光，大而明亮的恒星就被称为主星，小而暗淡的恒星被称为伴星，例如天狼星主星和它的伴星就构成这样一个系统。

很多双星都不是同时诞生的，天文学家们经常会看到一个由一颗巨大的红巨星和一颗刚刚诞生的年轻恒星组成的双星系统。当然受恒星质量大小的影响，差不多同时产生的双星的变化速度也不一样，质量过大的恒星通常只能存在不到1

当一个双星系统的两颗恒星质量差别过大的时候，质量小的恒星就会围绕着质量大的恒星运动。

亿年的时间,而那些质量合适的恒星可以存在几十亿年或上百亿年,如果一个双星系统由两个质量不一样的恒星构成,那么它们最后也会成为由不同性质的恒星组成的双星。

分光双星离得非常近,以至于大型光学望远镜也不能把它们区分开,这个时候就需要特殊的仪器来帮助人们区别双星。分光镜可以区分光的强度和频率周期性变化,这样当双星在绕行的时候,它们的发光强度和频率变化就会被分光镜表示出来,天文学家通过分析这些变化来认识双星,并得出关于双星的一些性质。

上图为英仙座中一个黯淡的双星系统,它距离地球约25光年,编号为Gliese623。

食双星是指那些互相绕行的双星,当双星中的恒星和地球处于同一直线的时候,这种情景类似日食,这个时候双星的亮度就会变暗。

双星通常都是在以约合质量中心为焦点的椭圆轨道上运转的,这个中心的位置和相关恒星的质量有很大的关系,那颗恒星质量越大,这个中心的位置就越靠近那颗恒星,这样双星的运动就变得复杂起来,识别双星的方法也就随之不同。

通过天文学家的观测,他们发现在类似太阳的恒星中有三分之二是双星,通过观察双星运动的轨道参数,天文学家可以获得双星的质量,进而得到许多关于双星的数据,比如它的年龄及其最终归宿。

英仙座的魔星

大陵五在英仙座中的位置

古代，中国的天文学家称这颗星为大陵五。通过长期的观察，人们发现这颗恒星的亮度会周期性变化，这使人们对这颗恒星产生了莫大的兴趣和无端的猜忌。

在古代，世界各地的民族很早就注意到了大陵五亮度会发生变化，它可以由明变暗，再由暗变明，使人类产生了莫名的恐惧，而这颗恒星也遭到人类的厌恶。阿拉伯人称大陵五为"恶魔之星"，认为它是魔鬼眨动的眼睛；而中国古代天文学家称大陵五为积尸星，认为它"明则有大丧，死人如丘山"；而古代西方天文学家在划分星座的时候，大陵五又成为提在柏尔修斯左手中的美杜莎的头颅的代表。可见，在古代科技不发达的时候，人类虽然已经知道了大陵五亮度可以周期性改变，但是还不能正确地了解它的性质。直到近代，在科学技术得到了初步的发展以后，为人类寻找大陵五亮度变化的答案提供了理论和技术上的支持，使人类正确认识这种现象成为可能。

现在有记录的最早指出大陵五的亮度周期性变化原因的人是英国天文学家古德里安，在1782年，古德里安发现了大陵五亮度周期性变化，并测出了它的变化周期是68小时49分，并指出大陵五亮度变化是由一颗暗星绕一颗亮星运动造成的，这个推测被后来的德国天文学家用光谱分离观测所证实。

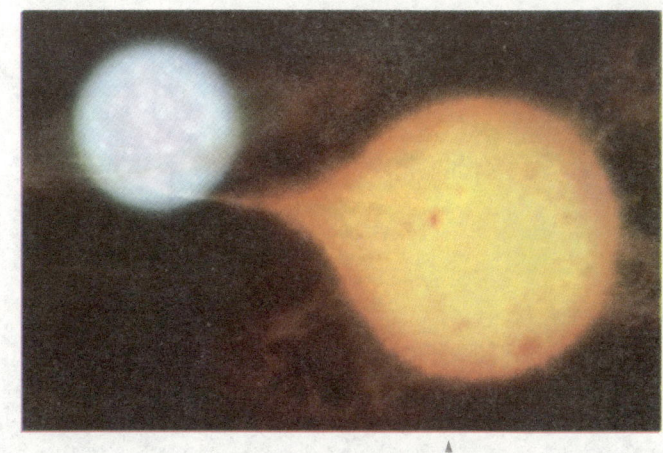

大陵五是位于英仙座的一个双星系统，该系统的光度会随时间而变化。

今天我们知道大陵五是由一颗明亮的蓝超巨星和较暗的红超巨星组成的双星，红超巨星（英仙座β2）围绕着蓝超巨星（英仙座β1）运转，每过2天20小时49分就会运行到英仙座β1和地球之间，遮挡住明亮的英仙座β1，使整个双星系统的亮度减弱1度多，这样明显的变化完全可以被肉眼识别。

既然古人可以识别大陵五的亮度变化，为什么不能认识到大陵五是一个双星系统呢？原因很简单，这个双星中的主星和伴星的距离太短了，即使是大型望远镜也难以辨别清楚，更不用说肉眼了。大陵五两颗恒星之间的平均距离大约是1千万千米，而大陵五距离地球约有93光年，这样的差距使人类断绝了直接观察来区分大陵五双星的念头，而只能借助其他手段了。现在，科学家们通过分光仪，可以把离得很近的双星区别开来，这样我们才可以知道这么多关于大陵五的秘密。

到目前为止，像大陵五这样的双星人类已经观测到上千颗，这一类双星都被称为大陵五型双星。另外一颗比较著名的此型双星是御夫座ε星，它在变化的时候，视星等从2.9等降至3.8等，几乎降低一个等级，变化十分明显，但是它的亮度变化周期长达27年，所以古代的天文学家没有发现这颗"魔星"。

◆ **大陵五谬误**

根据现在的恒星演变理论，质量大的恒星率先演变，而质量小的恒星演变得慢，但是大陵五是个例外，它的小质量伴星要比大质量主星演变得更快。1906年，天文学家又发现一颗围绕大陵五运转的恒星，这样大陵五从一个双星变成了一个三合星，但是在习惯上人们仍然称大陵五为双星。

沃夫—瑞叶双星系统

我们知道一颗大质量恒星到了晚年就会经历频繁的脉动，并损失大量的质量，天文学家们把这种起始质量大于20倍太阳质量、温度高于 25 000K、能周期性产生爆发的恒星称为沃夫－瑞叶星。沃夫－瑞叶星也被称为 WR 星，而一个双星系统中如果有一颗 WR 星，那么这个双星系统就称为沃夫－瑞叶双星系统。

对于一颗 WR 星来说，它最显著的特点就是向外不断地喷发物质，这种恒星是狂暴的恒星风的来源，它以很高的速率向外抛撒出大量的物质，在自己周围形成一个星云，然后从恒星上刮来的强烈的恒星风把这些物质吹得四分五裂。在编号为 NGC2359 的星云里，我们会看见一个约有 30 光年宽度的类似气泡的结构，这就是一颗位于星云中心的 WR 星的杰作，它巨大的恒星风吹拂着周围气体物质，就像在吹一个肥皂泡

NGC2359 也还是一个大小约 30 光年的泡状星云，它被极度炽热的恒星发出的恒星风吹拂着，沃夫－瑞叶恒星就位于中央附近。

一样，经过很长时间的努力，它吹出了宇宙中最大的气泡。

在一个双星系统中如果存在一颗WR星，那么它毫无疑问是这个双星系统的主星，因为无论从哪个方面说，它都是恒星世界的巨无霸，这也是为什么一个含有WR星的双星系统会被称为WR双星系统的原因。在宇宙星空中存在一些WR双星，其中WR104可能是其中一个。WR104是一个位于人马座方向的沃夫-瑞叶星，它距离地球约有4 800光年，天文学家在观察WR104的时候，发现它有一个巨大的螺旋状尾巴，这个奇怪的现象引起了科学家的注意。一些科学家认为，WR104螺旋状尾巴可能是因为一颗大质量伴星的吸引而形成的，因为这个尾巴很长，所以这个伴星也淹没在WR104的尾巴里了。由于两颗子星互相环绕运转，所以主星抛撒出的物质在自己周围形成一个螺旋状的细长条结构，从地球上看来，这就像一个螺旋的尾巴。

一个大质量的沃夫-瑞叶星喷发出大量的小气体云，这是人们首次直接看到这种小气体云。

在船底座一个距离地球约有20 000光年的地方，天文学家发现一个由两颗WR星组成的双星系统，它们的编号为WR20a。这是两颗年轻的恒星，它们的质量都超过了80倍太阳质量，但是到现在它们的寿命只有两三百万年时间，因为质量巨大，它们的寿命也没有多长，大概只有数百万年的时间。这两颗子星之间的距离非常近，因此，它们之间的吸引作用很强，强大的引力使它们难以摆脱对方，甚至两颗恒星的外形都因为对方的吸引而发生了变化。在WR20a中，有一颗质量比较大的主星，它在未来几百万年的时间里就会发生恒星收缩，也许会发生超新星爆发。爆发后的恒星将形成一个中子星或者黑洞，然后这个星体开始从它的伴星吸收物质，在自己周围形成一个吸积盘。

沃夫-瑞叶双星是宇宙中最具有研究价值的双星系统之一，根据现在的恒星演化理论，WR星的演化速度极快，这样就为天文学家提供了一颗大质量恒星从出生到死亡的比较完备的历程。

◆ 吸积盘

当一颗燃料耗尽的白矮星围绕一颗巨星或超巨星旋转的时候，它就会吸收主星抛撒出来的物质。这些物质以螺旋的方式落向白矮星，在白矮星的周围形成一个盘状的结构，这个由恒星物质构成的盘状结构就被称为吸积盘。不仅白矮星具有吸积盘，中子星和黑洞也具有吸积盘，有时候我们可以借助观测吸积盘来识别白矮星或者黑洞，但是吸积盘有时候也成为阻挡人们直接观测白矮星和中子星的障碍。

蛇夫座 RS 星

蛇夫座RS星是一颗激变变星，它是一个由一颗红巨星和一颗白矮星组成的双星系统。

距离我们有2000光年远的蛇夫座RS星是一颗激变变星，它是一个由一颗红巨星和一颗白矮星组成的双星系统，它的类新星爆发并不是来自红巨星，而是来自白矮星。也许你认为这是不可能的事情，但是根据现有的观测资料，很多科学家认为这个双星系统的类新星爆发的确来自那颗已经停止燃烧的白矮星。

在这里，红巨星不断地向宇宙中抛撒自己外层的物质，这些物质含有大量的氢，由于它的白矮星伴星就在自己附近，所以在白矮星的引力作用下，红巨星释放的氢有很多都飘向了白矮星，由于物质不断地积累，白矮星仿佛又回到了红巨星时代。这颗白矮星的表面温度很高，它吸附了大量的氢，整个吸积盘也增大了，于是靠近白矮星表面部分的压强也增加了，这一切为点燃氢聚变反应提供了条件。在某个时刻，当必要的条件，足够的氢元素和足够的压强都具备了，氢聚变就开始了，随后白矮星像一枚巨大的氢弹一样发生剧烈的爆炸，在很短的时间里向外辐射出大量的光，使自己的亮度增加到太阳的10万倍。

但是这颗白矮星毕竟不是红巨星，它的爆发只不过是燃烧了靠近自己的氢元素，在爆发后，它的亮度又开始降低，不过它的喷发的威力还是很大的。在爆发的时候，白矮星中心的温度超过了1亿摄氏度，在爆发一瞬间抛出的物质的质量比地球还大一些，这些物质以极其高的速度向前喷发，现在这颗白矮星爆发形成的气体云的范围比整个太阳系大得多了。

当一次爆发完成以后，一切仿佛又回到原来的状态，红巨星释放氢元素，而白矮星继续吸收物质，等待着下一次爆发。在过去的 100 多年时间里，蛇夫座 RS 星一共爆发了 5 次，平均 20 多年爆发一次。但是科学家看到了掩盖在这个动态平衡下的变化，白矮星并不是把所有吸收到的物质都抛撒出去的，它吸收的物质中有很多会留在白矮星上，成为组成它的一部分，这样白矮星的质量在发生着缓慢而令人激动的变化，它也许会因为质量的增加而继续坍缩，变成一个中子星，更剧烈点也许会变成一个黑洞。在这个坍缩过程中，白矮星会产生许多变化，比如释放伽马射线。蛇夫座 RS 星伴星的这种行为为伽马辐射爆发理论提供了一个很好的基础，当然也为其他一些理论提供了事实根据，比如黑洞吸积盘的 X 射线辐射等。

蛇夫座 RS 星最近一次爆发是 2006 年 2 月，这也许不是最猛烈的一次，在 20 世纪 80 年代以前，蛇夫座 RS 星的视星等只有 11 等，但是在 20 世纪 80 年代中期它的爆发使它成为星空中一颗十分明亮的恒星。事实上，当蛇夫座 RS 星爆发的时候，它的亮度剧烈增加，一下子成为肉眼可见的恒星。

这个出乎大多数人意料的结果表现出宇宙的无奇不有和四处皆在的特定规律，在宇宙中科学家发现了许多意料之外却又在情理之中的事实，这些事实令我们大开眼界。

恒星蛇夫座ρ附近区域，其中包含了恒星天蝎座α和球状星团 M4。

◆ 特征 X 射线辐射

白矮星吸积盘中的物质的运动非常剧烈，尤其是在白矮星附近，这些剧烈运动的粒子互相撞击，辐射出 X 射线，这些 X 射线可以作为一个白矮星的特征。对于黑洞也是如此，黑洞周围也应该有吸积盘，也应该产生很强的 X 射线辐射，这样天文学家就可以探测这些 X 射线来判断一块区域时不时有黑洞。

聚星

因为恒星之间存在足够强大的万有引力作用，所以它们有一种聚拢成团的倾向，前提是它们之间的距离要足够得近。

就形成恒星的星云来说，一般一块比较庞大的星云能够形成多个恒星，甚至在很小的区域里也会有多个恒星诞生，一旦新生的恒星之间的距离足够近，它们之间的相互吸引作用就会改变彼此的运行轨道。这样诞生在相近区域的恒星就会在万有引力作用下聚集起来，互相环绕运动，形成聚星系统，聚星系统有时也称为合星，组成一个聚星系统的恒星数目有几颗，就称为几合星，这一般只对那些成员不多的聚星系统使用，比如一个由三颗恒星组成的聚星系统就被称为三合星，一个由六颗恒星组成的聚星系统就被称为六合星。

从某种意义上讲，双星也属于聚星系统，不过我们这里讨论的是包括三颗恒星以上的聚星系统，这些聚星系统可以保持适当的稳定性，能够存在较长时间。在聚星系统里，每个组成这个系统的恒星都被称为这个聚星系统的子星，如果在一个聚星系统中，有一颗恒星比其他恒星要明亮得多，那么它就当之无愧地成为这个聚星系统的主星，而其他的恒星则成为它的伴星。在一些聚星系统中，伴星并不是只能围绕主星旋转，即使它们的质量相差比较大，这就表示由三颗以上恒星组成的聚星系统的运动的复杂程度远远超出了双星系统。三颗恒星互相吸引，同时各自的

位于猎犬座北边离地球1 300万光年远处的NGC 4214，不仅拥有大量的老而昏暗的恒星，另外它还具有引人注意的年轻星团。这些星团是被一些会发出萤光的气体所包围着。

运动速度又能保证自己是和它的同伴互相环绕运动，而不是互相撞击，当然聚星系统中恒星互相撞击的可能性是存在的，尽管这个可能性在稳定的聚星系统中非常小。

能稳定存在的聚星系统大多是由双星组成的，双星的两颗子星之间互相吸引，构成一对稳定的双星系统，这个双星系统作为一个整体，和另外一个双星系统构成一个聚星系统。我

最著名的四边形聚星是猎户座四边形聚星，这个聚星系统是猎户座大星云 M42 的猎户座星协的中心，是一个新生的恒星系统。

们知道双星系统一般是很稳定的，所以当两对双星互相吸引而运动的时候，它们能够保持自己的稳定性，只要它们之间的距离足够远就好。一个典型的稳定聚星系统是大熊座ζ星，古代中国天文学家称它为开阳星。开阳星并不是一颗恒星，它是一个由五颗恒星构成的一个聚星系统，其中有一个是三合星，另外一个是双星。

不稳定的聚星系统存在的时间很短，它们一般只存在于新生的恒星群落之中，或者是在密集的星群中，这类不稳定聚星的代表就是一种被称为四边形聚星系统。在四边形聚星系统，因为诸子星距离太近，它们之间互相吸引，导致诸子星无规律地运动，这样恒星相撞或者逃出聚星系统的可能性就大大增加了。最著名的四边形聚星是猎户座四边形聚星，这个聚星系统是猎户座大星云 M42 的猎户座星协的中心，是一个新生的恒星系统。在猎户座四边形聚星系统中，每颗相邻子星之间的距离差不多一样，这样它们之间的互相影响就不一样，结果就是各个恒星之间运动不一致，根据现在的观测，这个聚星系统正处于瓦解之中。

猎户座星协

星协也是一种复杂恒星系统，它含有的恒星在数目上要比聚星系统多，但是恒星密集程度上又不及星团，因此被称为星协。星协都很年轻，这是因为星协是由刚诞生的恒星组成的小规模系统，所以它很不稳定，其内部成员的运动也不一致。现在天文学家发现的星协一般都在银河系的悬臂上，而且大多在那些有恒星摇篮之称的大星云里。

三合星

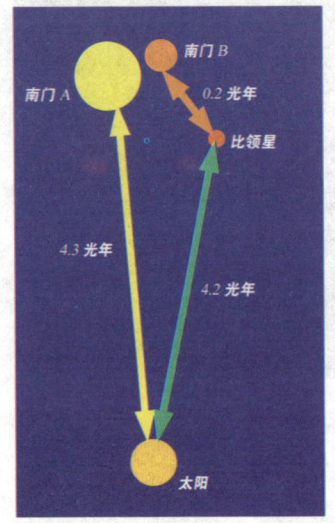

在适当的条件下，三合星也是一个稳定的聚星系统，这个聚星系统由一个稳定的双星系统和一个游离在外、但是受到双星系统吸引作用的恒星构成。只要这个游离在外的恒星离双星系统足够远，而且质量不是特别的，那么三合星系统就可以保持稳定，长期存在于宇宙之中。

我们知道比邻星是离地球最近的恒星，但是很少有人知道它是一个三合星系统的成员，这个三合星系统就是半人马座阿尔法，中文名称是南门二。南门二是星空中最明亮的恒星之一，它由三颗恒星A、B和C组成，其中离我们最近的比邻星就是C星。在这个三合星系统中，A星和B星组成了一个十分稳定的双星系统，它们在各自的椭圆轨道上绕着约合质量中心运转，因为运动的一致性，即使它们之间的距离达到最近的时候，也不可能因为互相吸引而撞击，它们很安全地在自己的轨道上运行。C星距离这个双星系统有大约0.2光年，它受到双星吸引，但是引力并不强，所以比邻星的运动变化很缓慢，这样这个三合星系统就保持了相对的稳定。

南门二三合星系统与太阳的距离

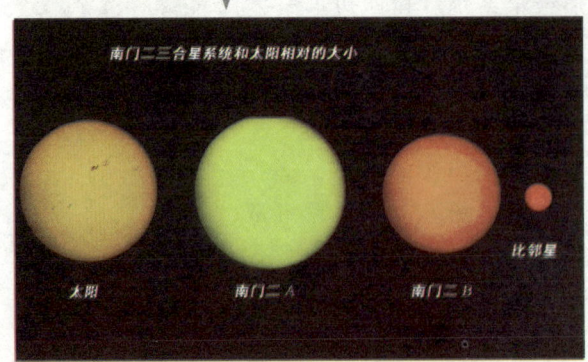

通过南门二这样的例子，我们可以发现三合星的某一些性质，不过因为比邻星离南门二A星和B星太远，所以有许多人认为它只能算是目视三合星，不能算作是严格的三合星。虽然太阳、地球和土星可以组成一个稳定的三体运动系统，但这是以太阳为绝对中心、而土星

与地球之间的距离足够远的情况下形成的，在恒星世界里是不是也存在这样的情况呢？

北极星是一个非常出名的恒星，长久以来它作为正北方向的标志，为人们指引方向，但是人们到了近代才发现它是一个双星系统，而近年，哈勃望远镜的观测使一些科学家猜想北极星极可能是一个

三叶星云 M20 是反射和发射混合型星云，这张彩色照片非常美丽，可以看到它桃红色和亮蓝色的部分。星云的中心部分有一颗明亮的三合星

三合星。我们能看见的北极星是指明亮的北极星 A，它是一个亮度有太阳的 2 000 倍的超巨星，它也是这个三合星系统中的主星，它的两颗伴星，北极星 Ab 和北极星 B，都是暗淡的矮星。北极星 B 距离北极星 A 约有 3.8 亿千米，而北极星 Ab 距离北极星约有 32 亿千米，这样，两颗伴星都在围绕主星运动，而它们之间的影响就比较小了。虽然这还是根据观测而提出的猜想，但是这却对天文观测有着重要意义，一旦天文学家发现北极星存在第三颗伴星，那么接下来就是测量这个伴星的轨道运行参数，计算一些有用的数据。

实际上，因为稳定存在的可能性很大，在宇宙中很多星体密集的区域都有三合星，比如在三裂星云的中心就有一个明亮的三合星系统。虽然三合星系统为数不少，但是对普通的天文爱好者来说它们很难观测。

三合星系统也有被破坏的时候，在猎户座内一处距离我们有约 1 500 光年的地方，一个长达 12 光年的物质喷流气团就被认为是一个瓦解的三合星系统留下的遗迹，其中双星因为紧密地联系在一起而免遭被抛散的命运，而另外一颗子星就不那么幸运了，它被系统抛了出去，在抛出去的时候，就留下了一个壮观的物质喷流。

◆ 北极星伴星的意义

北极星新伴星的发现是一件非常重要的事情，它对科学家计算北极星主星的质量有非常重要的作用。如果能够准确地估算出北极星的质量，那么我们就能更准确地衡量宇宙，因为北极星是一颗造父型变星，它可以用来作为衡量天体距离的标准。

天空中的六合星

双子座阿尔法星的位置

在双子座内有一组由六颗恒星组成的聚星系统，它就是双子座阿尔法星，这是一颗由三对双星组成的六合星系统。关于双子星有一段有趣的故事，双子星代表着一对凡间的双胞胎勇士，哥哥名叫卡斯托，弟弟名叫普鲁西克斯。双子座贝塔星的亮度要比双子座阿尔法星明亮，这不符合星座恒星命名规则，但是因为双子座阿尔法星是卡斯托的代表，而双子座贝塔星是普鲁西克斯的代表，所以代表哥哥的暗一些的恒星成为双子座阿尔法星，而双子座最明亮的星则成为贝塔星。

双子座阿尔法星的中文名称是北河二，它距离地球大约有46光年，北河二被分为三对双星，分别是北河二A、北河二B和北河二C，因为北河二A和北河二B在北河二中最明亮的一对恒星的视星等是1.9等，而较暗的则是3等。起初天文学家们认为这三颗恒星组成了一个三合星系统，A和B在一个周期为400年的轨道上运行，而C则离得很远。但是在分光光谱分析仪出现以后，人们发现北河二A、北河二B和北河二C都是一对双星。在北河二A里，两颗子星互相绕行，周期大约为9天，而北河二B的两颗子星运行周期要短得多，大约是3天，北河二A和B的子星是黄巨星和白巨星，它们的温度在7 000~10 000K之间。北河二C是一对红矮星

夜晚中的双子座阿尔法星　　　　　　　　　——阿尔法星

组成的双星，这对矮星的质量只有太阳的百分之六十，表面温度大约是3 280K。另外根据亮度分析，北河二A和B的形成时间有近4亿年了，但是C双星却只有3千万~8千万年，也许C是后来才形成的吧。

除了双子座阿尔法星以外，山羊座阿尔法星也是一个六合星，这颗星并不是山羊座最亮的星，但在因为历史原因而被当作山羊座阿尔法星。山羊座阿尔法星是一个由两个三合星组成的六合星，这两个三合星的视星等都是4等，而且只是目视双星。在山羊座阿尔法星里面，阿尔法1的主星是一颗垂死的黄色超巨星，表面温度有5 000K，和太阳差不多，发光能力却是太阳的400多倍，比阿尔法2还要强20倍。但是它却看起来比较暗，这是因为它距离我们约690光年，而阿尔法2距离我们只有约109光年，虽然它的发光能力弱，但是视星等却和阿尔法1差不多。

在宇宙中，由多颗恒星组成的聚星系统有很多，它们作为一种比较简单的多恒星系统存在于空间中，成为更大的天体的组成部分，如果用肉眼看，即使这些规模较大的天体系统也可能只是无尽苍穹中的一个亮点，甚至有很多还看不见。但是借助现代的仪器，我们就可以观察这些天体，这样既可以使我们获得更多关于宇宙的知识，也会使我们进一步加深对聚星的了解。

◆ 分光光谱分析的意义

早在17世纪牛顿就发现太阳光是由各种颜色组成的一个连续谱，从这以后一些科学家就开始研究光谱，但是直到19世纪，光谱学才建立起来。对于天文学家来说，观测那些距离地球十分遥远的双星是一件十分困难的事情，但是光谱分析可以帮助他们。两颗恒星一般会发出不同的光谱，这样通过分光，研究聚星系统的子星发射过来的不同光谱，天文学家就可以分析子星的轨道运动参数，确定它们的性质。

# 星团

有时候我们在用小型天文望远镜观测天空的时候，经常会发现一些用肉眼看起来是恒星的天体产生了变化，它变得松散，但是看起来也不像是双星或聚星系统。如果距离远一点，小型天文望远镜是根本无法区分双星和聚星系统的，那么这些松散的天体显然不可能是双星或聚星系统。通过专业天文学家的观测，我们终于看清楚了这种天体的大概样貌，它原来是由很多恒星组成的大型恒星系统，因此，这类天体有自己的名字，它们被称为星团。

星团的形成也和弥漫星云有关，在一片大型的弥漫星云里通常会诞生很多恒星，如果这些恒星离得比较近，那么它们之间就会用引力来互相联系，组成比较稳定的恒星群体。这个群体的稳定性并不是只靠恒星间的引力来维持的，还有一些其他原因使它们保持相对稳定，比如一个星团的成员同步运动，或者被更强大的引力场束缚等。

在同样大的宇宙空间内，星团内的恒星数目显然要比周围的空间大得多，这样星团才能拥有足够强大的引力场，来保持自己的体型。星团因为自己的成员密集程度不一样，它们的形状也就有差别，那些成员密集的星团引力作用大，因此它们的形状大略呈球形，并能够保持相对的稳定，它们被称为球状星团；有一些星团的成员比较少，而且十分松散，

距离我们约 6 000 光年的 RCW 38 星团是一个年轻的星团，它包含数千颗形成不到 100 万年的恒星。星团约有 5 光年的范围，并有弥漫的星云笼罩。

年轻的星团 NGC 2264 都是一些年数短的、炽热的蓝色恒星。它们总是存在于形成它们的星云之中或者附近

相应的引力场也就弱，它们依靠星团成员之间的引力和同步运动来保持相对的稳定，因此它们的形状也不固定，显得十分松散，这类星团被称为疏散星团。

虽然从地球上用肉眼看去，星团和恒星相差不多，但是实际上星团的物理性质和恒星有很大的区别，星团依靠恒星之间的引力等作用聚合在一起，它们是一个与恒星完全不同的天体系统。在很多显存的大星云里，许多新形成的星团向外发出明亮的光芒，把自己所在的宇宙区域照得异常明亮，即使在上万光年以外，一些大型星团发出的光也可以被我们用肉眼直接看见，但是恒星就没有这样的能力了。星团中成员一般都是同时代形成的，这是因为新生的恒星会改变自己周围的物质分布，促进其他恒星的形成，只要一个比较短的时间，一个星团就可以初具规模。一旦大星云的某一个区域形成了星团，那么新的恒星在这里就很难形成，因为星团发出的强烈的恒星风会把星云物质吹散。

不同性质的星团形成的时间也不一样，在宇宙诞生初期，因为物质比较集中，当恒星形成的时候，它们都是成批形成的，这样就可以形成比较稳定的大型星团，所以那些规模较大的星团年龄都很古老。但是宇宙扩张到一定时候，因为宇宙物质密度的下降，大星云孕育恒星的能力大减，这些星云中只能诞生一些规模较小的星团，因此，那些稀疏的小规模星团的年龄比较小。

◆ 星团的分布

现在天文学家发现那些大规模的星团大多分布在星系的中央，这里物质密度集中，可以形成很多恒星。而疏散星团一般分布在物质稀疏、运动速度适合的区域，因此它们一般分布在星系的边缘，这样就可以保持稳定。

半人马座欧米伽星团

在半人马星座里有一个非常著名的球状星团，它就是半人马座欧米伽星团，编号为 NGC5139，但是直到1677年的时候，哈雷才首次确认它是一个星团。半人马座欧米伽星团是我们银河系里最大的球状星团，据估计这个星团中有数百万颗各类恒星，它们在星团中心的吸引下紧密地凝聚在一起，形成一个壮观的大型球状星团。半人马座欧米伽星团不仅体积庞大，而且它的质量也是我们所知的150个银河系球状星团中最大的一个，它的质量大约是太阳质量的500万倍，和一个小型星系的质量差不多了。

半人马座欧米伽星团的直径约有150光年，也就是说从这个星团的一侧的恒星发出的光要跑上150年，才能穿越星团的中心，到达星团对面。在半人马座欧米伽星团内明亮的恒星非常多，因此虽然它距离我们地球约16 000光年，我们还是能在没有任何仪器辅助下就可以看见它。它也是星空中最明亮的球状星团之一，视星等有四等，如果它离我们和天狼星一样近的话，那从地球上看来，整个星空都会被半人马座欧米伽星团包围。

虽然半人马座欧米伽星团是星团中的巨人，但是它已经存在了百亿年的时间了，因此，它的内部恒星大多是更冷、更红的晚年恒星。因为持续了百亿年的燃烧，

半人马座欧米伽星团NGC 5139是银河系里最大的一个星团。恒星的数量超过1 000万颗，它是绕着我们银河系中心运行的众多球状星团之一。

这些恒星的质量减少了很多,大部分半人马座欧米伽星团的成员的质量比太阳还要小。那么在这个布满老年恒星的巨大星团里会不会存在温度较高的蓝色恒星呢?天文学家利用先进的仪器来分析半人马座欧米伽星团后得出结论:半人马座欧米伽星团显然存在温度较高的蓝色恒星。这类恒星上的氢元素已经燃烧得差不多了,因此在恒星核里进行的不是把氢融合成氦的反应,而是把氦融合成碳,这些恒星最终会抛弃掉自己外围的物质,只留下一个由碳元素组成的致密的白矮星,这样的白矮星被人们称为太空钻石。

半人马座欧米伽星团NGC 5139

科学家们相信半人马座欧米伽星团内一定非常地拥挤。据估计在半人马座欧米伽星团中心区域,每颗恒星之间的平均距离只有约0.1光年,而距离太阳最近的恒星比邻星也远在4.2光年之外,也就是说半人马座欧米伽星团中心区域的恒星密度是太阳系附近区域的8万倍,由此可见半人马座欧米伽星团内部恒星是多么地密集。虽然科学家认为球状星团的恒星之间是在同一时期形成的,一些科学家通过研究观测到的若干次半人马座欧米伽星团星体爆发,发现这个星团中的恒星是在一个长达20亿年的漫长时期里逐渐形成的,而不是一次形成的,这意味着有的恒星已经燃烧了20亿年了,而新的恒星才刚刚诞生。因为半人马座欧米伽星团在很多方面都和我们观测到的球状星系有一些差别,所以一些科学家认为它是一个被我们的银河系吞噬的小星系的一部分。

◆ **球状星团内的黑洞**

因为球状星团内部质量密集,一些研究者认为球状星团内部难以保持长久的和平。在球状星团中心恒星大规模地爆发成致密的白矮星或者中子星以后,它们会因为互相吸引而靠近其他恒星,在吸取足够的质量以后就转化为黑洞,维持着整个球状星团的稳定,同时也吞噬着自己所在的星团。

# M13 球状星团

天文学家哈雷

18世纪初期，著名天文学家哈雷在观测天空的时候，无意中在武仙座发现一个模糊的斑点，后来梅西叶也发现了这个天体，并将它编为13号天体，编号为M13。但是直到19世纪后期，赫歇尔借助大型望远镜，才发现M13是一个美丽的大星团，现在我们知道M13是一个位于武仙座的球状星团，有时候它也被称为武仙座大星团。

武仙座大星团的直径比半人马座欧米伽星团还要大，它也是由上百万颗恒星组成的大星团，不过它的恒星密度可没有半人马座欧米伽星团大。M13球状星团也是一个老年星团，距离我们约有25 100光年，这个星团内有许多红巨星，这些红巨星的视星等都不高，但是因为明亮的恒星多，所以整个星团的视星等略高于6等，在条件良好的情况下，我们可以凭借肉眼勉强看见这个星团。

武仙座大星团中心区域的恒星密度约是太阳附近的500倍，质量约是太阳质量的50万倍，因为这个星团恒星数目少，中心区域的恒星密度低，所以对外层恒星的吸引力也小，于是整个星团也就比较大。据估计，武仙座大星团的直径达到了175光年。

武仙座大星团是一个奇怪的星团，根据观测，一些研究者估计它的年龄超过了120亿年，这十分接近宇宙的年龄，也就是说武仙座大星团在宇宙诞生不久就形成了。这和现在恒星形成理论产生了冲突，因为人们普遍认为在宇宙诞生70多

M13是地球夜空中最出色和最著名的球状星团之一，它是由超过10万颗恒星所组成的巨大天体，大小超过150光年，距离我们有2万光年，年龄大于120亿年。

亿年后，恒星才开始大量出现的。

　　武仙座大星团中另外一个奇怪的事情就是这里发现了一颗名为巴纳德29号的恒星，这是一个闪耀着白色光芒的年轻恒星。科学家们不理解为什么这个存在了上百亿年的星团里会出现一颗新恒星，因为根据现有的理论和观测，一旦一个稳定的星团形成了，那么新的恒星就很难在其中诞生，显然武仙座大星团有许多为我们所不知的秘密，这些秘密吸引着很多科学家去观测和研究它。

　　虽然在武仙座大星团内部恒星密布，但是每一颗恒星还是有足够的活动空间的，其中一些恒星也许还会有行星围绕自己旋转。如果我们能到达位于武仙座大星团内部某个恒星的行星上，那么那里将没有黑夜，因为在晚上有无数可与月亮争光辉的恒星高悬天空，这些恒星将把这个世界照射得一片明亮。

　　在1974年的时候，一些科学家向M13星团发射了电磁信号，向那里可能存在的外星文明问好。不过因为距离原因，即使那里存在外星人并接收到了信号，那也是2.5万年后的事情了。如果这些外星人向我们发了回电，那么我们就要等到5万年后才能接收到，这真是一次无比漫长的通信啊！

◆ 星团年龄估算

　　现在科学家通常通过估算星团成员的年龄来推算星团的年龄，但是一个星团中的恒星也不是同时诞生的，因此科学家们利用最古老的恒星的年龄来估算出星团年龄上限，然后再参考可观测的恒星的年龄，最后估计出星团形成的时间。另外星团也有一个类似赫罗图的图标，可以大概估计星团的年龄。但是到今天为止，只有少数星团的年龄可以被人类准确估算，大部分星团还处于年龄不明状态。

疏散星团

在宇宙空间中还有一种星团,它就是疏散星团。和球状星团相比,疏散星团只能算是更大的聚星系统,它们由几十或成百上千个恒星组成,没有明显的中心区域,相互之间的影响比较小,所以不能集中在一起。大多数疏散星团都是由新诞生的恒星组成的,它们非常地年轻,发射出明亮的星光,以至于一些疏散星团中的单个恒星可以被人类用肉眼单独看见。

在金牛座里有一个著名的疏散星团——昴宿星团,这个星团是在一个弥漫星云里诞生的,因为这个弥漫星云的面积不大,因此昴宿星团的规模也很小。虽然昴宿星团含有几百颗恒星,但是只有少数的恒星能够被肉眼看见,在这之中有7颗恒星最为明亮,所以昴宿星团也被称为七姐妹星团。在梅西叶星表里,昴宿星团是第45号天体,所以它的编号为M45。昴宿星团距离我们大约有425光年,它横跨十几光年的距离,所以它的恒星密度很小,没有足够的引力来互相束缚。昴宿星团大约形成于1 000万年前,是一个年轻的疏散星团,不过这里有一些大质量的恒星已经步入了晚年。在昴宿星团里也有很多年轻恒星,它们刚刚发出明亮的光芒,把围绕在自己周围的气体和灰尘映照得异常明亮,也

金牛座中著名的疏散星团M45,是肉眼可见到的最美丽天象之一。

使自己看起来像是躲在薄薄的轻纱后面一样。同时，天文学家们也在这里找到了一些质量很小并且昏暗的褐矮星。

毕宿星团是另外一个著名的疏散星团，因为就在明亮的红巨星毕宿五的旁边，所以被命名为毕宿星团，不过毕宿五不是毕宿星

巨蟹座中的蜂巢星团是由约100颗星星所组成的疏散星团，距地球520光年。

团的成员。和昴宿星团一样，毕宿星团也位于金牛座里，也是一个年轻的星团，不过它的年龄比昴宿星团要大一点，从星团的赫罗图上看来它大约有7.9千万年的寿命了。毕宿星团是离我们最近的星团之一，它到地球的距离大约是150光年，这样它的视星等达到了0.5等，是星空中最明亮的天体之一，因此它也成为我们可以清楚地了解的少数疏散星团之一。毕宿星团成员都在以差不多相同的移动方式来远离我们地球，在5千万年后，它与我们之间的距离就会达到7 000多光年，到时候这个明亮的天体的亮度就会大减，如果不发生其他变故的话，到那时候它的视星等就会降低到12等。

在巨蟹座里有一个比较著名的星团，因为它疏散的样子像一个蜂巢，所以被人们称为蜂巢星团。虽然蜂巢星团离我们约有520光年的距离，但是它的视星等有3.7等，能够被肉眼看见，所以在公元1世纪的时候，古代的天文学家就记录下了这个没有星星的模糊天体。因为这个星团位于鬼宿附近，所以古代中国天文学家称之为积尸气，而现在它也被称为鬼宿星团。

并不是所有的疏散星团都处于朝气蓬勃的年青时期，目前人类已经发现了上千个疏散星团，其中有一些是存在了数十亿年的星团。因为恒星数目少，疏散星团的质量要小很多，大多是太阳质量的几十倍到几百倍。

◆ 疏散星团成员

疏散星团形成时间比较短，因此在疏散星团里，年轻的恒星随处可见，但这并不表示疏散星团里没有老年恒星。在一些疏散星团里不仅存在红巨星，而且还存在白矮星，比如在毕宿星团里就至少存在5颗红巨星和一些白矮星，这些都说明疏散星团里恒星形成的时间差距很大。

星团的死亡

星团既然有诞生，那么它们当然也会死亡。对于球状星团来说，它们成员数量多，结构稳定，很难被破坏，所以球状星团一般可以稳定地存在上百亿年，但是这些只能保证它们正常存在，当遇到意外灾难的时候，球状星团也可能面临瓦解死亡的局面。疏散星团的成员少，密集程度低，星团中心提供的引力小，因此，它们相对来说很容易被破坏。

如果不出意外，一个球状星团中的成员相继步入晚年以后就会爆发，只留下恒星核，大部分是白矮星。在球状星团内部恒星密集的区域里，死亡恒星留下的白矮星通过吸收其他主序星的物质而增加自己的质量，当它的质量超过了一定程度的时候，白矮星就发生坍缩，成为一颗中子星。中子星可能会重复这个行为，从其他还活着的主序星上吸取物质，自身质量也变得越来越大，最后发生坍缩，成为一个黑洞。这个时候，黑洞会强烈地吞噬恒星，一个主序星的大部分质量会被抛洒出去，只有一少部分会被吸收。根据现有的理论，黑洞的胃口是没有上限的，它可以一直这样吞噬下去，最终毁灭

年老的星团包含许多红巨星，它们已经耗尽了它们的氢气，正在走向生命的末端。

整个星团。

一些意外现象也会导致球状星团面临死亡。与别的球状星团相撞也是球状星团可能面临死亡的原因之一，这是个发生的可能性很小的意外，但是一旦发生了，对其中一个球状星团来说就意味着灭顶之灾。球状星团内部的吸引力虽然足够强大，但也是有上限的，如果一个球状星团运气不好，在运行的时候从一个大质量天体的附近经过，那它就有可能被这个天体的引力撕碎，这也将导致球状星团的瓦解。

实际上科学家们想出了更多可能导致球状星团瓦解的情况，据估计大部分球状星团将面临自然死亡的境地，也就是说当这个星团的成员大都死亡了，这个星团也就跟着死亡了。

疏散星团的成员之间的联系非常微弱，它们也更容易被大质量天体破坏。很多疏散星团依靠同步运动来保持队形，这在恒星稀疏的宇宙空间里倒是可以维持疏散星团的稳定，但是一旦它们进入了密集的恒星区域，自己就有分崩离析的危险。比如当星系之间互相吞噬的时候，位于星系边缘的疏散星团就成为牺牲品，无论是撞击，还是被吸引，它们都有很大的可能被瓦解，这使得科学家们普遍认为疏散星团的寿命不会很长。但是有一些疏散星团的运气很好，在成员恒星相继爆发以后，它们才被瓦解。

作为一种庞大的恒星系统，星团的性质与双星和聚星系统完全不一样，它的生命历程也和简单的恒星系统有很大的区别。有时候因为恒星密集，星团内部之间的恒星发生碰撞和融合的可能性大大增加，这也加速了一个星团的灭亡。总之，星团不可能永远存在于宇宙之间。

◆ **短命的疏散星团**

大部分科学家认为疏散星团因为结构疏散而时刻面临瓦解的危险，当它们在产生自己的星系中运动的时候，它们会经过很多恒星的附近，这样有一些成员就会因为太靠近其他恒星而改变速度和运动方向，进而脱离疏散星团。这样一个疏散星团就会因为成员的损失而逐渐消亡在自己所在的星系里。

星系的形成和发展

在夏季晴朗的夜晚，只要我们抬起头，就会看见一道银带横穿天穹，古代人因为不理解这条银带的来历，于是就以为它是天上的大河，因此称它为银河。在望远镜产生以后，天文学家通过观测才发现我们称为银河的天体实际上是一个由数目庞大的恒星组成的一个巨大的恒星系统，它被称为银河系。

在认识银河系以后，人们认为银河系就是宇宙中最庞大的天体系统了，而在银河系以外只存在一些宇宙岛，这些宇宙岛非常狭小，不能和银河系相比。但是随着天体距离测定技术的发展，天文学家们很快就发现那些宇宙岛也是由大量恒星构成的天体系统，于是星系这个概念不再专门用于银河系，那些由大量恒星组成的庞大天体系统都被称为星系。

科学家们相信庞大的星云也是星系形成之地，但是它们形成的星系的规模是有限的，并不像现在这么庞大。在大约

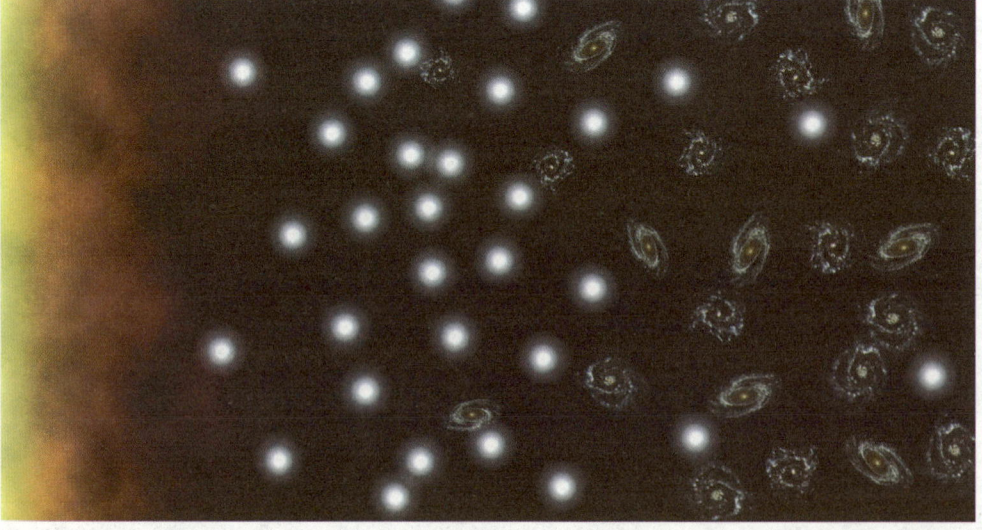

"幼年期"的星系在宇宙中慢慢形成

著名的《哈勃深空》照片，展示了1 000多个在宇宙形成后不到10亿年内形成的年轻星系。

100多亿年前，宇宙的体积比现在小得多，但是确有足够的空间来容纳大量恒星，因此一场有史以来最庞大的造星运动在宇宙中产生。在密集的氢分子云之中，一颗颗恒星相继诞生，这些恒星形成了一个密集的恒星系统，而在离它不远的地方，还存在着一些同样的恒星系统。这些恒星系统互相吸引融合，逐步形成了更大的恒星系统，当这样的天体达到了一定规模的时候，它就为形成星系打好了基础。

星系虽然是一个由恒星组成的庞大的天体，但是在星系里还存在一些其他物质以及特殊结构，首先它必须有星系核，这样才能使整个星系保持足够的稳定。一般来说，一个星系只有一个星系核，这个星系核的物质非常密集，因此质量非常大，能够产生强大的引力场，吸引着外围的物质。所以在原始星系形成的时候，一个或者几个恒星团就紧密地聚集在一起，形成了星系核心区域，在它们的吸引下，临近的恒星和恒星系统也慢慢地移向这个核心，围绕在它外面运动，这个时候它也许已经算是一个星系了。

星系在形成初期的规模并没有现在大，而且每个星系的规模也不一样，它们分布的区域也不一样，这为大星系的形成提供了条件。一个较大的星系会吸引周围的小星系向自己靠近，最终吞噬它们，使自己变得更加庞大，我们的银河系就是这样变强大的，其他大星系差不多也是如此壮大起来的。

星系是目前恒星组成的最大的天文系统了，在星系里除了恒星以外，还有很多其他天体，比如星云和星际物质等，这个时候虽然宇宙又扩大了很多倍，但是星系却难以被破坏，因而它的结构足以抵抗分散自己的力量。

◆ 星系内的演化

在今天的天文学家看来，一个星系的核心是最重要的观察区域之一，尤其是那些大型星系，这是因为物质密集，因此与其他区域相比存在着许多不为人知的秘密。现在很多天文学家相信大型星系的中心存在着黑洞，所以这里成为天文学家最感兴趣的区域。

螺旋星系

对于那些庞大稳定的星系来说，螺旋形就是它们的标志，因为这样的形状表明这个星系曾经吞并了一些临近的星系，增加了自己的质量，也增加了自身结构的稳定性。所以现在我们发现的大星系中，有很多都是螺旋星系。现在我们以一个实在的例子来说明螺旋星系的特征，这里选择的螺旋星系是M51。

M51是一个著名的螺旋星系，它也是第一个被确认的螺旋星系。1773年10月13日，当梅西叶用自己的天文望远镜在天空中搜寻彗星的时候，偶然发现了这个静静地呆在猎户座区域的天体。由于当时天文望远镜观测能力低下，梅西叶认为它是一个"非常暗淡而没有恒星的星云"，后来梅西叶把这个天体记入自己所编的星表里，编号就是M51。M51由大量的恒星、星云和星际物质构成，其中大部分物质集中在星系核里，围绕在星系核外面的是两个巨大的旋臂。因为所占区域庞大，而且它的亮度也非常巨大，视星等达到了8.4，因此，虽然它距离我们约有3 700万光年，但是借助望远镜，我们仍然可以看见它。

梅西叶在发现M51星系后，又在它旁边发现一个更加暗淡的天体，这是一个小型不规则星系，根据我们现在的认识，M51的形状与这个小同伴有关。当这两个星系相遇的时候，它们边缘的气体物质密度会大大增加，

螺线星系NGC 4414。外部的旋臂有年轻的蓝色的恒星和大量的星际尘埃。

NGC 5055 位于北天星座的猎犬座内，是夜空中较明亮的螺旋星系之一，用小型的望远镜就能够观测。在这张照片里，可以看见发出蓝色辉光的年轻亮星所描绘出的细长弯曲旋臂、因游离氢气而发出红色辉光的发射星云，以及数量众多的黝黑尘埃带。

于是这里就会诞生很多新恒星。这些恒星在 M51 的吸引下向着星系核运动，但是它们的运动速度比星系的旋转速度要慢，于是就围绕在星系核外围，这样久而久之，M51 就成为一个螺旋星系。

对于像 M51 这样的星系，大多都是这个样子，只不过旋臂有多有少，结构紧促度不一样。在广袤的宇宙里，像 M51 这样的螺旋星系还有许多，这些星系大部分是在一个星系集中的区域里，这样才能形成螺旋结构。M51 就位于一个小星系团里，这里还有一个著名的螺旋星系 M63，这个星系因为自己的形状而被称为向日葵星系，只要听到这个名称，我们就可以想到它是什么样的形状了。1971 年，M63 星系发生了超新星大爆炸，这个恒星的亮度也因此而增加到 11 等，成为比较明亮的遥远恒星。

螺旋星系因为旋转，所以外围旋臂的指向都和星系旋转的方向相反，但是对一个编号为 NGC4622 的螺旋星系来说，情况有一些不一样。螺旋星系 NGC4622 位于半人马座，是一个距离我们有 2 亿年远的星系，它的旋臂平滑而薄，不过它的旋臂的指向却是自己旋转的方向。现在科学家们猜想它的两条旋臂可能被更强大的天体从星系中拽了出来，因此，这两条旋臂的指向和星系旋转的方向相同。

螺旋星系的大部分质量都集中在自己的核心，这里明亮的恒星到处都是，因此也格外明亮。而在螺旋星系的边缘，因为存在大量的氢分子云，因此成为新恒星重要的诞生地。

◆ **扭曲的螺旋星系**

在南天星座长蛇座里，有一个编号为 ESO510-13 的螺旋星系，它距离我们有 1.5 亿光年的距离。它因为自己的盘面被扭曲而成为一个扭曲的螺旋星系，现在科学家对此有不同的看法，有的认为是外来引力影响了这个星系的形状，而另外一些则认为这个星系被撞击过，所以形状被扭曲。

银河系

在很长的一段时间里,人们都认为银河系就是整个宇宙,因为我们就处在这个庞大的螺旋星系里,所以在没有足够的观测能力之前,谁也无法看清楚它的真实面目。不过根据与银河系类似的星系的结构和形状,科学家们还是估计出了银河系的大体形状。

根据天文学家的观测,银河系是一个中间凸出、边缘较薄的螺旋星系,它有四个旋臂,被分为银心、银盘和银晕三个部分,这三个部分里含有的天体和物质都各不相同。银河系的直径大约是10万光年,我们太阳系就在离银心约有2.6万光年远的一条悬臂上。

在银河系中心一个半径约为2万光年的区域里凝聚了大量的天体和物质,这里就是银河系的星系核,我们称之为银心。银心不仅占有大量的物质,而且还占有大片宇宙空间,它是一个略呈椭球状的星系核,它的中心厚度大概有1万光年。银心形成的时间很古老,所以这里充斥着大量步入晚年的红巨星,据推测它们已经存在了至少100亿年了。这些红巨星发出耀眼的亮光,把整个银心映照得一片辉煌,使这个物质密集的世界得以被我们人类认识,但是这里也

银河系具有自转运动,但不像我们地球这样整体转动。银河系自转的速度,起先随离开银河中心距离的增大而增大,但达到几十万光年后就停止增加,直到银晕中很远处都大致保持不变。

银河系的旋臂

存在着光不会直接告诉你的秘密。银心位于半人马座方向，在20世纪70年代，有科学家提出在银心存在一个质量是太阳几千万倍的黑洞，能够发射出特征X射线，现在这个目标集中在这个星座里的一个奇特恒星半人马座A上。

银盘是银河系外围的盘状结构，这个结构包括围绕在银心外面的旋臂，因为我们就处在银盘上，所以很难直接观测银盘。在历史上，天文学家是通过观察银河系类似的涡旋星系，总结它们的盘面结构和组成物质，再通过观察银河系外围，然后描述出银盘的大致形状的。后来随着探测技术的发展，科学家们用更先进的探测仪器探测银盘，最后通过分析，确证了银河系也存在旋臂，这些旋臂构成了银盘。

在银盘的外面还围绕着一层银晕，这层银晕由恒星和星际分子和灰尘等物质组成，还有一些由晚年主序星组成的球状星团。因为这里的物质密度极低，所以看起来像是一层晕一样围绕在银河系外围。

这些只是现在科学家对银河系形状的认识，不仅如此，科学家们通过探测银河系现在的活动，获得了许多资料，这些资料帮助人类了解了银河系的过去。在从银心发射出来的电波中，人们了解到银心的结构非常复杂，很可能在形成的时候经历过非常剧烈的活动，这种活动一直持续到今天。

银河系核心是距离我们最近的星系核，所以这里可以给我们提供更多的资料，以供人类研究，因此，探测银心也是很多天文学家的重点工作。

◆ 螺旋星系的旋臂

通过观察河外星系，我们发现那些螺旋星系都有两个或两个以上的旋臂，这个旋臂是在星系的活动中形成的。当一个较小的星系靠近大星系的时候，它就会被吸引而坠落到大星系里，在这个过程中，小星系会被大星系的引力撕裂，成为一条长长的细条，这个细条螺旋进入大星系，因此成为螺旋星系的旋臂。

仙女座大星系

仙女座大星系是一个位于仙女座区域的大星系，它虽然距离我们有290万光年远，但是因为它的庞大和明星云集，所以它的视星等达到了3等，在晴朗的夜晚，即使用肉眼也能看见这个模糊的天体。在公元905年的时候，仙女座大星系就被人类记录下来了。

仙女座大星系在梅西叶星表中是第31号天体，因此它的编号是M31，它也是离我们最近的大型河外星系。M31、银河系和其他一些明亮的矮星系构成了本星系团，本星系团的成员包括著名的M110和M32等。虽然这个明亮的大星系早就被古代一些天文学家记录下来了，但是现在已经没有人知道是谁最先发现了这个星系。第一个用望远镜发现仙女座大星系并给出描述的是西蒙·玛鲁斯，梅西叶不知道人们对仙女座大星系有更古老的记录，所以他就把仙女座大星系发现权归

用肉眼看去，仙女座大星系是一个昏暗而弥漫的小斑块，由于它的表面亮度极低，一般的观星人感受不到它在地球天空中其实应该是一个很壮观的天体。

于玛鲁斯。

人类在经历了很长的时间以后才逐渐认识清楚仙女座大星系的真正面目。17世纪时,望远镜技术还不发达,因此哈雷在记录这个星体的时候,误以为它是一个星云,从这以后很长的时间里,人们都认为它是仙女座大星云。直到19世纪,著名天文学家赫歇尔还相信它到地球的"距离不超过天狼星距离的2 000倍",而实际上仙女座大星系到地球的距离是天狼星到地球距离的3万倍。到了1864年,威廉·休根斯发现仙女座大星云发出来的光是类似恒星的连续谱,而不是星云那样的线状谱,从这时人类才开始窥探到这个天体的真正面目。

仙女座大星系M31的核心

随着观测技术的发展,人们发现M31具有螺旋结构,后来通过观测,一些天文学家发现这个"星云"以很快的速度向我们靠近,但是计算的速度甚至达到了每秒300千米。1923年,哈勃在M31里发现了一颗造父型变星,由此不但精确地测定了这个天体到地球的距离,而且确证了M31是一个星系。至此,几乎所有的天文学家都相信了M31是一个庞大的螺旋星系。

在现代,仙女座大星系成为天文学家们研究的重点对象,对它的研究也一直没有中断过。因为研究仙女座大星系可以帮助我们了解星系螺旋结构、球状和疏散星团、星际物质、行星状星云、超新星爆发遗迹和伴星系等。

天文学家们发现仙女座大星系和自己的伴星系M32有着显著的相互物质交换作用,通过这种交换,M32对M31的螺旋结构有着十分重大的影响。不过在这个过程中,M32损失了大量的恒星和物质,这些恒星和物质都转移到了M31的星系晕里。

根据现在观测到的结果,科学家们计算出M31的直径约有25万光年,是银河系的两倍多,而它的质量是太阳质量的3 000~4 000亿倍。现在,哈勃太空天文望远镜显示M31具有两个明亮的核心,这可能是它吞噬了一个星系的结果。

◆ **50亿年后的碰撞**

现在科学家们通过观测和计算,发现M31正在以每秒100千米的速度靠近银河系,如果中间没有什么变故的话,那么在大约50多亿年以后,它将和我们的银河系发生碰撞,两个星系将融合为一个超级星系,不过那个时候太阳可能已经不存在了。

棒旋星系

在宇宙深空中存在这样一些螺旋型星系，它们明亮的核心因为一些原因而向两极扩散，这样它的核心就变成一个细长的棒状核心。这种螺旋形星系的旋臂不是从星系核中心伸展出来的，而是从星系核的两端延伸出来的，这样就形成了另外一种螺旋星系，我们把这种螺旋星系称为棒状螺旋星系，简称为棒旋星系。

位于南天星空飞鱼座内编号为 NGC 2442 的星系就是一个棒旋星系，它距离地球约有 5 000 万光年。从 NGC 2442 中心一个明显的棒状星系核伸展出来的两条巨大的旋臂像一个横跨在星系的两侧，使整个星系看起来就像是一把预示灾难的死神镰刀。在这个星系的中心是一些散发出明亮黄色光的恒星，从中心衍射出去，在星系不同的区域上有着不同的天体，比如朦胧的星际尘埃，散发出蓝色光芒的新生恒星和由它们组成的星团，由星云构成的恒星形成区等，这些宇宙物质构成了 NGC 2442 星系的旋臂，围绕着星系中心旋转。据估计，NGC 2442 星系可能是遭受到附近某个小星系的吸引，因此，其形状发生了如此大的变化。

如果说 NGC 2442 星系的形状看起来像一把锋利的镰刀，那么编号为 NGC 1300 的棒旋星系看起来就像是一个洁白美丽的纺锤。NGC 1300 位于波江座边缘，距离地球大约有 7 000 万光年，它中心是一个呈棒形的星系核，外围则是两条巨大的旋臂，这两条悬臂在星系核心

NGC 6872 是现知最大型的棒旋星系之一。这个星系的外观，也许跟它和星系 IC 4970（位于照片的中上方）的碰撞有关。由图可以看到，NGC 6872 左上方的旋涡臂有许多蓝色的恒星形成区，这是它很突出的特点。

M109 是位于大熊座的棒旋星系，1781 年被发现。1956 年 3 月 17 日发现超新星。M109 较暗淡呈光滑。

的两端与星系核连接起来，它被当作是最典型的棒旋星系。整个 NGC 1300 棒旋星系横跨大约 10 万光年的距离，俨然一个挥舞着白色衣袖的宇宙巨人。在 NGC 1300 星系核中心大约 3 000 光年的范围内，一个标准的螺旋型结构向我们展示了这个星系那奇特的复杂构造。

相对于 NGC 2442 和 NGC 1300，编号为 NGC 1313 的星系看起来就不那么像棒旋星系了，我们只能看清楚它那棒状的星系核，它的旋臂却不那么清晰，不过它的确是棒旋星系。这个星系离我们大约有 1 500 万光年的距离，因此，在这个星系内的一些恒星不用仪器就可以被区分开。因为聚集了大量的宇宙气体分子，这里成为一个恒星诞生场所，不过这也是这个星系看起来有一些模糊的一个原因。在这里有许多新生的大质量恒星，它们发射出明亮的蓝色星光，照耀着围绕在它们周围的星际物质，这些物质通过散射光线，发出明亮的光芒，使整个星系看起来十分明亮。由于 NGC 1313 内有大量的恒星不断产生，因此，这个星系被称为星爆星系。

作为规则星系的一种，棒旋星系在宇宙中也有很多，据天文学家推测，这些星系以前本来是稳定的螺旋星系，但是因为某一些原因，比如受到强大的外力吸引，或者是内部老年恒星爆发产生的冲击，在形成的时候，它们的星系核发生了变化，结构也分散了，成为了棒旋型星系。这些星系因为结构没有涡旋星系稳定，因此，它们如果和一个质量相当的涡旋星系相遇，就免不了被瓦解的厄运。

◆ 棒旋星系 NGC 613

棒旋星系 NGC 613 是一个距离我们约有 6 500 万光年远的棒旋星系，它看起来更像是一个螺旋星系，不过形状已经开始发生变化了，中心星系核从旋涡状变成了棒状，而且旋臂也开始分开。据一些天文学家推测，在 NGC 613 棒旋星系明亮的中心可能存在着一个大质量的黑洞。

不规则星系

在宇宙中除了绝大多数具有规则外形的星系以外,还存在大量形状没有规律的星系,它们或者奇形怪状,或者没有明显的核心和旋臂,也可能是多个部分连接在一起组成的。虽然不规则星系在外形上没有规律可循,但是它们还是有一些共同之处,现在天文学家把那些形状类别没有列入哈勃星系序列的星系都称为不规则星系。

在我们银河系所在的本星系团里有一个小型不规则星系,因为它是巴纳德在19世纪80年代早期发现的,所以被称为巴纳德星系,在星云和星团通表里,巴纳德星系的编号是NGC6822。

巴纳德星系位于半人马座内,它距离我们有180万光年,看起来一片模糊,没有明显的核心。在这个星系里,恒星和物质分布比较均匀,因为没有大质量的星系核,无法提供足够强大的引力来吸附周围的物质,而且星系核也没有明显的螺旋结构,所以它没有明显的旋臂。在巴纳德星系里,大量的氢包围着新生恒星,组成了一个巨大无比的弥漫星云。新生的恒星辐射出强烈的光线和恒星风,把周围的氢分子云

在我们银河系所在的本星系团里有一个小型不规则星系——巴纳德星系 NGC6822。

都吹散了，而那些发生爆发的老年恒星也把自己周围的氢分子云吹散，制造出一个个巨大的空洞。

在距离我们1 700万光年以外，一个编号为NGC1705的不规则星系向我们展示它那不同寻常的一面，一些由年轻高温的蓝色恒星组成的星团照亮了其所在的区域，而那些年老低温的红色巨星却非常均匀地分布在星云里。在星云的一端有一条看起来像是被撕裂的口子一样的结构，看起来它好像被哪个天体打劫过一样。虽然存在了130

NGC1705是一个矮不规则星系，因为它很小，所以没有规则的结构。

亿年了，但是在NGC1705星系内部，新的恒星仍然不断地形成，而它最近的一次恒星剧烈形成时发出的星光大约在3 000万年前到达了地球。作为一个不规则星系，它没有像螺旋型那样稳定的结构，也没有旋臂。

位于六分仪座的小型不规则星系，六分仪座A看起来就像是一个粗糙的钻石，为我们讲述着一个未知的远古事件。六分仪座跨越5 000光年的距离，离我们约有500万光年远，也是本星系团的一员。大约1 000万年以前，因为一些神秘未知的原因，在六分仪座中心产生了一场剧烈的造星运动，这可能是大质量短命的恒星超新星爆发引起的。超新星爆发促使新的恒星诞生，而更多恒星的超新星爆发促使大量的新恒星诞生，这个星系外面飘散的由恒星和气体等构成的物质层就是这样形成的。到了今天，这层物质层形成了一个近似方块的区域。

在漫长的生命周期里，一个星系的发展不会是一帆风顺的，它在中途会遇到很多事件，这些事件对星系形状的形成有很大的影响，所以不规则星系的形状可以告诉我们发生在很久以前宇宙中的故事，这些故事直到今天还在继续。

◆ 不规则星系的规则

在宇宙中有许多星系的形状是因为不对称而成为不规则星系，这些不规则星系一般都是因为受到附近强大的邻居的吸引而变形的。但是这些星系的核心因为有稳定的螺旋结构，因此能够保持住自己的形状，只是它的力量不足以束缚整个星系的物质。

麦哲伦星系

对于古代的航海家来说,天文是一门很重要的知识,一个船长必须了解天空中标志性恒星的位置,这样才能依靠这些明亮的恒星来指引方向,不会在茫茫大海中迷失方向。在17世纪的时候,麦哲伦带领他的船队进行第一次环绕地球航行,虽然那个时候指南针已经出现了,但是船长和船员们还是要携带详细的星图,以辨别方向,而一些星表上没有记录的恒星,就会被航海家记录下来。在麦哲伦的航海日记里,他记述了自己在南半球航行的时候发现的一些明亮的天体,其中有两个明亮却又模糊、类似云雾的天体引起了后来人的注意。

因为是麦哲伦首先记录到这两个类似云雾的天体,因此,它们被称为麦哲伦云,其中体型较大的云称为大麦哲伦云,体型较小的称为小麦哲伦云。通过天文学家的仔细观测和研究,

大麦哲伦云中的超新星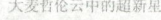

时至今天，我们已经知道了这两个云雾状的天体实际上是两个星云，因为它们比较小，而且形状奇怪，因此被归为不规则星系里。

它们是离我们银河系最近的星系，大麦哲伦云离我们大约有18万光年的距离，小麦哲伦云离我们约有21万光年的距离，都是银河系的卫星星系。这比M82和M81之间的距离近得多了，因此，它们受到银河系强大引力的吸引，不断地损失物质，这些物质也通过物质传送带运输到银河系的旋臂里，成为新恒星的组成材料。

双星群 NGC1850 是一种非常特别的星群，它位于大麦哲伦星云，是大麦哲伦星云内除30Dorado 星之外，最明亮的星群。

大麦哲伦云位于剑鱼座方向，这个星系是质量最大的银河系卫星星系，它长度约有 1.5 万光年，含有 10 多亿颗恒星。因为距离我们近，大麦哲伦云成为天文学家观测的重点目标之一，在这里我们可以发现许多有趣的天文现象，比如超新星爆发残迹、新形成的恒星产生的星云和死亡恒星产生的星云等。和 M82 相比较，大麦哲伦云内物质活动更加剧烈，大质量的恒星爆发产生的物质因为与其他分子云作用而留下清晰的遗迹，比如一个编号为 N44 的星云发射出强烈的 X 射线，科学家们认为这个星云是在数万年前的一次大质量恒星超新星爆发后形成的，而 X 射线则是这次超新星爆发残迹产生的。

小麦哲伦云的规模要比大麦哲伦云小很多，它只含有数百万颗恒星，其他都是星际气体和尘埃。这个位于南天杜鹃座中的小卫星星系对人类了解宇宙有着十分重要的作用，在这个星系里有一颗造父变星，天文学家正是通过研究这颗造父变星，找到了精确测定天体距离的方法。

大小麦哲伦云虽然也在绕着银河运转，但是它们的物质正在不断地被银河系吞噬，大约在80多亿年以后，这两个星系就会并入银河系边缘，成为一条银河系旋臂的一部分，最终被银河系吞并，不再存在。

◆ **银河系的卫星星系**

除了大小麦哲伦云以外，天文学家还在银河系外找到了 10 多个卫星星系，而离银河系最近的卫星星系位于大犬座内，距离我们只有 4 万光年；距离银河系最远的卫星星系是一个位于狮子座的星系，距离我们大约有 88 万光年。

星系的碰撞

现在我们经常会看见一些奇怪形状的星系，它们因为受到不同的作用而产生变形，其中有一些星系形状改变得十分厉害，一些天文学家推测这些星系可能与其他星系发生过碰撞，因此改变了自己的形状。星系碰撞可能是宇宙中最壮观的景象之一了，它在星系的演化中起着十分重要的作用，碰撞可以使物质重新分布，为新天体的形成创造了一个机会。

虽然宇宙给所有的星系提供了足够的空间，让它们在其中遨游，但是因为星系之间存在着互相吸引的作用，当它们处在相距不远的区域的时候，无论是掉落进塌陷的空间中，还是它们具有的万有引力作用，反正它们不会保持稳定的静止状态，而是会不断地互相靠近，这样星系的相互碰撞现象就是不可避免的了。

不像恒星，星系是一个极庞大复杂的天体，它除了在宇宙中不停地像一个方向运动以外，自己还在不停地转动，在转动中，自己的成员恒星都在星系内做着不同的运动。在发生碰撞的时候，那些质量庞大、结构稳定的螺旋星系一般都是这场遭遇战中的胜利者，而那些质量小、结构散乱的星系往往会遭遇灭顶之灾，只有少数可以躲过这场灾难，即便如此，它们也会损失很多物质，结构变得更加散乱不堪。那些小星系一旦被庞大星系盯上，那它的瓦解和灭亡就只是时间问题了，除非奇迹出现。

虽然星系的碰撞在宇宙中是不

三个将要碰撞到一起的星系。它们分别为 NGC 7319、NGC7318B 和 NGC7318A。在巨大引力的相互作用下，星系已经发生了变形。

两个正在相撞的星系 NGC 5194 和 NGC 5195

可避免的事件,但是因为星系非常庞大,而它们的运动速度相对来说非常小,因此,发生碰撞所需要的时间非常多,通常都需要几十亿年的时间。

蝌蚪星系是一个距离地球约有 4.2 亿光年远的奇特星系,它位于天龙座方向。从蝌蚪星系的外形中科学家们推测这是一个致密的小星系撞击大星系造成的结果,而小星系在靠近大星系的时候,产生的潮汐力效应使大星系一些物质向自己逃逸的方向扩散,这些物质构成一个长达 28 光年的尾巴,就这样在撞击下,大星系的外形发生了变化。现在蝌蚪星系仍然在演化,在未来漫长的时期里,蝌蚪星系的长尾巴会慢慢消失,而尾巴中物质密集的部分也许会形成一个矮星系。

在宇宙中,有一些星系具有非常奇怪的形状,即使是一些庞大稳定的螺旋星系的形状也产生了令人迷惑不解的变化,这些很可能就是星系撞击造成的。在星系的演化过程中,遭受撞击会改变星系的物质分布,使星系走上与以前完全不一样的发展道路。

现在天文学家发现了许多可能相撞的星系,它们在引力作用下互相高速靠近,虽然在碰撞前它们还要花费令我们难以想象的漫长时间,但是科学家们利用现代技术手段就可以为我们真实地描绘那些以前或者是以后将会发生的星系碰撞场景,例如我们的银河系和仙女座大星系的碰撞过程。

◆ 碰撞创造恒星

在星系碰撞过程中,因为星系内部物质受到的引力大小发生了变化,因此,这些星际气体等物质会重新分布,而剧烈的恒星风和恒星爆发也会促使这些气体分子更加密集,形成一个巨大的弥漫星云,在这里新恒星出现的速度比正常状态下要快得多。

星系的吞食

当一个小型星系和一个庞大的星系遭遇，那它们之间会发生什么事情呢？最可能的结果就是小星系被大星系吸附，然后被大星系强大的万有引力撕裂，慢慢地并入大星系，最后被彻底吞噬，成为大星系的一部分，一般成为大星系的旋臂。如果两个星系的大小差不多，那它们都会被摧毁，然后伸出"双手"谈和，最后双方会在围绕对方旋转的过程中慢慢地融合为一个大星系，一般会成为一个螺旋星系。

一个编号为NGC4676的星系是一个非常有趣的星系，它因为拖着一条长长的尾巴而被称为老鼠星系，这是星系互相吸引靠近过程中遗留在宇宙空间中的，不过现在它们还没有完全接触到一起。科学家为这个星系的形成猜想了一段故事：在很久以前，一个较小的星系在另外一个星系的吸引下，向着这个星系靠近，但是因为星系本身受到的引力并不均匀，于是这个星系被撕裂了，它的一部分物质被抛洒到了宇宙空间中，最后这些物质聚集在一起，构成了一个明显的长长的尾巴状遗迹。这两个星系向着相同的方向前进，所以走在前面的星系看起来并没有损失多少物质。在经过一段时间以后，这

这两个星系因为都具有长长的尾巴，所以被昵称为老鼠星系NGC 4676，它们正在试着努力把对方撕开。这两个螺旋星系可能已经穿过对方，不过它们应该会不停地互撞，直至完全聚合在一起为止。

左边星系为 NGC 2207，右边的是 IC 2163。图中可以看到 NGC 2207 的强大引力正在破坏 IC 2163 的形状。IC 2163 没有足够的力量逃离 NGC 2207 的引力并且注定在未来会经历过更为剧烈的变形。这两个星系可能在 10 亿年后合并成一个更加巨大的星系。

两个星系就会互相接触到一起，而那个时候这两个星系的吞噬才开始，最后它们会合并成一个庞大的星系。

星系的吞噬是一个星系从渺小到庞大的必经之路，当然在它的成长之路上不可避免地有许多小型星系被它吞并；当然也存在另外一个可能，那就是与势均力敌的星系组合成一个更加强大的星系，这样形成的星系会具有更大的吞食小型星系的能力。

在宇宙中许多区域都存在大量的星系，这些星系因为彼此之间的引力而互相影响，只要时间足够长，它们不选择吞噬别的星系，就会被其他星系吞并。对于我们银河系来说，它就是依靠吞食周围的小星系而变得庞大的，直到现在它仍然在寻找自己的猎物，而它周围那些卫星星系在将来都有可能成为它的目标。虽然银河系属于本星系团中最大的星系之一，它在数 10 亿年后也会面临艰难的选择，与仙女座大星系合并成为一个更加庞大的星系。

在大犬座一个距离地球约有 1.4 亿光年远的区域里，一个编号为 NGC2207 的螺旋星系和另外一个编号为 IC2163 的螺旋星系的旋臂已经开始接触到一起，它们的结构都比较稳定，所以到目前为止 IC2163 的形状看起来没有遭受到显著的破坏。这两个星系在经过长时间的吞噬过程以后，最终会合并成一个强大的螺旋星系。

星系的吞噬也需要很长的时间，对于我们人类来说，只能通过观察那些处于不同阶段的星系吞噬过程，再通过合理的推测，把它连接起来，构成一个完整的星系吞噬过程。

◆ 大星系的胃口

现在的天体演化理论认为大星系是由许多矮星系慢慢合并而成的，在理论上来说，大星系和黑洞一样，它们的胃口几乎是无限大的，而且很多大星系核心可能存在黑洞。这样的两个星系如果合并了，就有可能产生一个更加强大的星系，而星系核中心的黑洞也有可能合并。

星系的瓦解

现在一些科学家抱有这样一种想法：宇宙中所有的星系最终会被瓦解，这只是时间问题。我们不管这种"诸神的黄昏"式的结局是否最终会来到，但是就目前的观测而言，星系的确会瓦解。

不像一个原子那样，星系的结构实际上并不紧密，如果宇宙要破坏一个原子的结构，那么这个物体的万有引力就要非常巨大，比如像中子星那样的条件才行。但是要让一个星系瓦解，只要向组成这个星系的不同部分施加大小不同的引力就可以了，而这个引力相对中子星上的引力来说非常渺小。有时候强烈的撞击会使一个星系受到致命的伤害，进而导致这个星系走向瓦解，但是这个星系一般不会完全瓦解。

戒指星系是一个横躺在离我们有3亿光年距离的宇宙空间的不规则星系，它有一个十分明亮而广阔的光环，和车轮星系一样，它的形状也是在遭受到一个致密的小星系撞击后形成的，这个过程发生在数10亿年前。戒指星系的光环非常庞大，它的直径约有15万光年，比我们的银河系还要大。不仅如此，这个由明亮的恒星和气体物质构成的巨大的光环还以很高的速度扩散，虽然它的星系核心十分紧密，而且质量庞大，但是它的万有引力对这个光环的限制却非常地薄弱。在一段时间以后，除了靠近星系核部分光环的物质以外，远离星系核的物质

AM 0644-741 有一个美丽的蓝色亮光环，人们称它是戒指星系。

都将飘散到宇宙空间之中，而这个戒指星系也会瓦解。

像这些撞击引起星系瓦解的事件在宇宙中极其罕见，大部分星系的瓦解是和附近大质量天体的吸附有关。可以想象，当一个结构并不稳

哈氏天体

定的小星系在路途中遇到强大的星系的时候，它就很有可能在大星系的吸附下面临瓦解，即使它还没有被这个大星系吞并，比如我们熟悉的麦哲伦云，它们就在银河系的吸附下逐渐地瓦解。

在巨蛇座距离我们有6亿光年远的宇宙空间里有一个直径达10多万光年的奇怪星系，因为它是天文学家阿特·哈格在1950年的时候无意间发现的，因此被称为哈氏天体。哈氏天体的形状类似指环星系，但是天文学家没有在它附近找到可疑的星系或者残迹，因此，直到今天也不知道它是被什么天体瓦解的，一些科学家猜想它可能是在30亿年前经过一个小星系的时候，因为互相吸引，所以这两个星系中的一部分物质被抛洒出来，形成了光环。哈氏天体的中心是明亮的物质密集区域，而比较暗淡的光环则是由星际气体物质和新生的恒星组成的。在哈氏天体的背景中，天文学家还发现一些带有光环的星系，这些星系可能遭受同样的经历。

对于很多单独存在的不规则星系，尤其是那些中心不明显的星系，它们的结构不稳定，所以在遭遇大星系的时候，经常成为受害者，面临被瓦解的命运，有的时候，它们内部的恒星也会促使它们瓦解。

◆ 瓦解后的星系

在宇宙中，天文学家们有时候会发现一些在星系外单独存在的星团，或者是星团和星际物质，一些科学家猜想这些星团可能是在星系瓦解的过程中被抛出来的。它们因为结构足够稳定，能够抵挡大质量天体的引力差，保证自己的存在，但是它们却不能较好地存在于星系之间，所以就被抛洒了出来，成为漫游在茫茫宇宙中的孤单的天体。

星系团

到今天，人类发现的宇宙区域的星系总数已经达到了10亿个以上，这些星系聚集在一个狭窄的空间里，形成一个个星系群，这些星系群包含有十多个到几十个星系，不过在星系群里一般不存在明显的聚集中心。如果许多星系群聚集在一起，就会组成更庞大的天体系统，这个天体系统就是星系团，一个星系团可能含有成百上千个星系，有的星系团的星系总数会更多，达到数万个星系。在星系团里，这些星系之间存在着引力作用，使整个星系团紧密地联系在一起。

由众多的星系组成的星系团也有自己的结构，因此天文学家们为星系团分了类，以区分具有不同结构的星系团，天文学家通常将星系团分为两类：一类是规则星系团，另外一类是不规则星系团。那些具有明显的球状而且对称的星系团称为规则星系团，或者称为球状星系团；而那些不具备球状对称性的星系团被称为不规则星系团，也称为疏散星系团。这种分类原则和命名方式与区分恒星组成的星团差不多。

球状星系团的成员非常地多，其所含星系数目一般都在1 000个以上，而且在这些星系中

哈勃太空天文望远镜拍摄的大熊座星系群，距离地球100多亿光年。

· Abell 2218 星系团

天文的故事

半数以上是椭圆星系。这些星系质量庞大，结构稳定，因此能够在互相吸引之下形成一个星系聚集中心，这个中心又吸引着外围的其他星系，使它们保持有序的分布。当然有的球状星系团的成员数目比较少，但是它们也有可能保持规则形状，比如球状星系团北冕座星系团的成员虽然只有400多个，但是因为它们非常地集中，彼此之间的引力作用较大，因此保持了稳定的对称球状结构。

疏散星系团一般范围都非常大，因此它所含的成员数目一般也很多，但是因为没有中心星系集中区，因此疏散星系团的结构分散，没有一定的形状。与规则星系团不同，在不规则星系团中存在各种类型的星系，其中数目最多的就是那些质量很小的暗淡矮星系，这些矮星系围绕在中心星系的旁边，形成一个个单独的星系群，然后这些星系群再组合成疏散星系团，这样整个疏散星系团的范围就可以扩散得非常广大，而它总的成员数目差别也很大，有的疏散星系团的星系数目只有几百个，而大型的疏散星系团的成员数目有数千个。

作为目前人类发现的最庞大的天体系统，天文学家对星系团的研究十分重视，因为在星系团里，各种类型的星系之间的引力限制和影响着它们的运动，这为天文学家研究星系的运动和演化提供了非常多的资料，使天文学家拥有足够的证据来判断一个星系未来的发展趋势。而对星系团分布的研究也可以为科学家提供一个研究宇宙发展和变化的有力帮助。

◆ 星系团与宇宙

早在20世纪初期哈勃在观测太空的时候，他就发现几乎所有遥远的河外星系都在向着远离地球的方向扩散，因此他得出了一个结论：宇宙正在膨胀之中，而且他还发现了以自己名字命名的定律。通过测量哈勃常数，人们就可以得到宇宙的年龄，在观察星系团的运动中，天文学家可以获得更精确的哈勃常数，进而确定宇宙年龄。

室女座星系团

星系团在我们可观测的天空中到处可见，在室女座方向上就有一个著名的疏散星系，它就是室女座星系团，这个星系团所占的区域非常大，它在天球上的投影是月亮的10倍。在这个巨大的星系团内存在着各种类型的星系，椭圆星系、螺旋星系和不规则星系到处都是，据天文学家估计，在室女座星系团内就有2 000多个各种星系，因此，这个星系团的质量非常之大。

室女座星系团里的成员非常复杂，除了普通的星系以外，还有大量的飘散的气体分子云，这些气体分子云的温度非常高，甚至可以辐射出能量很高的X射线，据科学家推测它们的能量可能来源于刚刚形成的星系，因为疏散星系团的成员都是非常年轻的椭圆星系。

室女座星系团离我们大约6千万光年的距离，有在梅西叶星表中记录的30多个河外天体中，有16个天体是属于室女座星系团的。这个质量巨大的星系团不仅在以很高的速度扩散，而且还在吸引着周围的星系或星系团，使它们向自己坠落。据天文学家观测，室女座星系团正在以大约每秒1 200

室女座星系团的中心区域

多千米的速度远离我们，但是地球上观察到这个星系团的视速度大约是每秒钟1000千米，这也说明我们的银河星正在向室女座星系团坠落。

根据观测的结果，科学家计算出室女座星系团的质量大概是太阳质量的1千万亿倍，但是就目前天文学家估计到的室女座星系团的恒星数目来说，它们的质量总和远小于这个星系团的质量，因此，现在许多人认为这个星系团里存在着大量不为人知的"暗物质"，这些"暗物质"使整个星系团保持稳定。

在室女座星系内有很多非常明亮的星系，比如M85、M87、M90和M100星系。M85星系是室女座星系团中最明亮的星系之一，它是一个比我们银河系还要庞大的椭圆星系，位于室女座星系团的最北边。虽然M85距离我们约有6千万光年的距离，但是其视星等却高达9.1等，我们只需要用小型的天文望远镜就可以把这个星系看得清清楚楚。M87是室女座星系团里最亮的星系，也是整个星系团的中心天体，它距离地球也大约有6千万光年，而视星等则达到了8.6等，这个巨型椭圆星系被称为室女座A，它的体积和质量要比银河系大，而且还是一个强大的射电源，向外辐射出X射线。M100也是室女座星系团中最明亮的星系之一，它是一个正常的螺旋星系，在致密明亮的星系核外围围绕着两条长长的清晰旋臂，旋臂中布满新生的恒星和弥漫星云。

作为离银河系最近的大型星系团，室女座星系团成为人类研究星系间相互作用和星系团演化的最好的实验室，所以这个星系团也成为天文学家关注的重要目标。

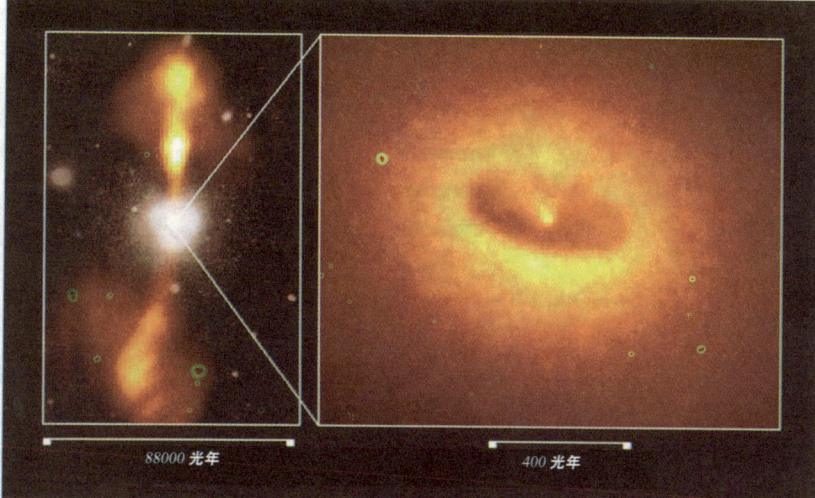

88000光年　　　400光年

星系NGC 4261是室女座12个最明亮的星系之一。上图中央白色区域是星系盘，它由数千亿颗恒星组成。图中的橘红色及上右图则是由射电望远镜获得的HST图像。上左图显示了星系中心向相反方向喷出长达数万光年的离子气流，这是星系中心存在巨大黑洞的证据。上右图为星系中心。

◆ **本超星系团**

巨大的室女座星系团和我们银河系所在的本星系团构成了一个称为本超星系团的复杂结构天体，它因为质量庞大而成为本超星系团的中心，而我们银河系所在的位置只是这个本超星系团的外围。

后发座星系团

后发座虽然是一个暗淡的小星座，但是它却是恒星最密集的星座，而且这个星座对天文研究有很大帮助，因为在这个星座内有一个十分庞大的星系团，这个星系团的成员有上万个，如果你用一台天文望远镜观看后发座区域，那么被你看见的天体很可能都是星系。

后发座星系团虽然是离我们最近的星系团之一，但是它发出的光还是要在宇宙深空中旅行3亿多年的时间才能到达我们的眼睛。后发座星系团也是一个非常密集的星系团，在2千万光年的范围内，数千个星系紧紧地吸附在一起，构成一个紧密的规则星系团。正如前面所说的，在这个星系团里有很多的巨型椭圆星系，这些椭圆星系大多处于星系团的中心区域，也许其中一些椭圆星系曾经是螺旋星系，但是因为其他

后发座星系团至少含1000个亮星系，通过相互间的引力维系在一起，像蜂群一样在空间整体运动。

强大的星系的引力作用，它们的旋臂差不多都已经消失了。这个星系也有一些螺旋星系，不过大多分布在星系团的边缘。

在后发座的边缘有一个编号为NGC4881的聚星椭圆星系，用天文望远镜看来它几乎就是一个发出明亮光线的椭圆形天体，没有旋臂结构。因为距离地球遥远，这个星系的推行速度达到7 000千米每秒，是室女座星系团推行速度的6倍。在后发座星系团里，这些明亮的椭圆星系把自己内部的气体加热到上千万度，激发这些气体辐射出大量的X射线，但是这些炽热的气体却被椭圆星系强大的引力束缚着，并不能大量逃离星系。不过因为观测数据有限，后发座星系团的X射线辐射仍然在研究之中，天文学家还没有得出最后的结论。

照片中左上方的巨大椭圆星系NGC 4881，它位于后发座星系团的边缘。

因为银河系存在大量的宇宙灰尘，这些宇宙灰尘会对人类的天文观测产生很大的影响。所以人们就要依靠仪器来消除灰尘对观测的影响，但是有一些天体因为远离银心区域，因此便于观察，对于我们人类来说，后发座星系团就是这样一个理想的观测目标。在宇宙中，有很多星系团含有的星系数目都没有后发座星系团多，而且这些星系团到太阳系的距离也比它要远，而后发座星系团因为远离银心，因此，没有被银河系的星际尘遮盖而变暗，便于天文学家进行观测。通过观测，人类已经获得了一些关于后发座星系团的资料，加深了对星系团的了解。

作为一个庞大而又密集的超星系团，后发座星系团有着强大的引力来维持自己致密的球状对称结构，但是它的可见质量产生的引力远远达不到维持自己形状的程度。因此，它的存在也成为证明不可见的暗物质存在的强有力的证据，这些暗物质产生足够的引力，来吸附物质，保持星系团的形状，使星系团的成员不至于因为引力不足而从星系团逃散。

因为人类对后发座星系团了解得多，对它与太阳系之间的距离也了解得比较清楚，因此，天文学家把后发座到太阳系之间的距离作为"宇宙尺度"，来衡量我们观察到的宇宙空间。

◆ 宇宙灰尘对天文观测的影响

在现实生活中，我们都知道离我们远的物体看起来就小，对于天文观测，这也是一样的。但是在历史上曾经出现过这种现象，天文学家发现一些距离遥远的天体的视觉大小比近距离同等天体还要大，他们一直不知道这是为什么。在确定了银河系存在宇宙尘以后，天文学家们才发现，原来是宇宙尘放大了远处天体的大小，因此，后来科学家们设计了专门的仪器来消除这种误差。

武仙座星系团

在北天的武仙座区域里有一个美丽的不规则星系,它的编号是 NGC6050,以前的天文学家只是看见它是一团模糊的白雾状天体,但是通过今天先进天文望远镜的观测,我们发现它原来是一个处于两星系合并之中的不规则星系。在 NGC6050 星系的旁边有一个像一片叶子一样的星系,它的编号是 NGC6045,是一个狭长的螺旋星系,而它的叶柄可能是一个快要被这个星系吞噬的卫星星系。在 NGC6045 星系的上方有一个明亮的星系,它的编号是 NGC6043,一个明亮的椭圆星系。在 NGC6045 星系的下方还有一个椭圆星系,它的编号是 NGC6047 星系。其实在这个宇宙区域里还有很多星系,假设我们平均用 15 个字来描述每个星系,那么就要写数万字,因为在这个

武仙座星系团

区域里有上千个星系。这些大大小小的星系的位置非常近,构成一个奇幻般的世界,不过在这个充满了奇幻景象的宇宙区域里还包含有许多其他星系,这些星系通过引力结合在一起,构成一个庞大的星系团——武仙座星系团。

在 NGC6027 星系的附近围绕了 5 个卫星星系,这样它们就构成了一个六重星系系统。

武仙座星系团距离我们大约有6.5 亿光年远,这是一个非常巨大的宇宙群岛,聚集在这里的星系大多是螺旋星系,也有一些椭圆星系和不规则星系。因为武仙座星系团各成员分布得比较均匀,它没有聚集中心区域,因此,它是一个不规则星系团。也正是在这个不规则的星系团里,天文学家发现了许多有趣的现象,比如一个编号为 NGC6027 的星系,在它的附近围绕了 5 个卫星星系,这样它们就构成了一个 6 重星系系统。这 6 个星系就像在一起跳舞的六个舞伴一样,它们的这场舞蹈已经持续了几十亿年,而且还将持续下去,直到最后形成一个更加庞大的星系。

武仙座星系团也不是一成不变的,这里的星系之间具有复杂的联系,因为彼此间的引力,这里的星系在互相撞击、吞噬和通过物质桥来交换物质,有一些星系的形状也因为邻居的吸引而变得扭曲了。与室女座星系团和后发座星系团相比,武仙座星系团离我们的确稍微远一点,但是这里仍然是天文学家观测的重要区域之一,在这里我们几乎可以观测到任何已知的星系相互作用现象,这样我们就可以研究这些现象对星系演化的影响,帮助我们解决一些难解的谜题。

如果你用一架小型天文望远镜观测武仙座星系团,你可能会发现一个类似没有尾巴的暗淡彗星的天体,它就是 M80 球状星团。这个球状星团虽然是一个庞大的天体,但是它距离我们只有约 3.2 万光年的距离,所以它只是看起来像是武仙座星系团成员,而实际上它离武仙座还远着呢。

现在科学家估计在人类观测到的宇宙中存在有上万个大小不一的星系团,这些是人类研究巨型天体运动和宇宙演化非常重要的对象,从这里,我们真实地了解了宇宙。

◆ 椭圆星系的寿命

椭圆星系是宇宙中最奇特的星系,在早期,天文学家们相信各种螺旋星系都是由椭圆星系发展而来的,因此,椭圆星系在宇宙中存在的时间要比螺旋星系长,这个理论可以很好地解释椭圆星系为什么会有那么多老年恒星这个问题。但是根据现在天文学的观测,一些天文学家发现螺旋星系也可以转化为椭圆星系,因此含有多种星系类型的星系团成为天文学观测的重点目标。

太阳

太阳是离我们最近的恒星，也是太阳系的中心恒星，我们地球上几乎所有的能源和热量都来自太阳，在人类的心目里，太阳就是光明和温暖的代表，而这颗照亮生命世界的恒星自古以来就受到人类的赞颂。

太阳目前也是人类研究得最清楚的恒星，虽然我们对太阳的活动还有很多不了解的地方。作为一颗处于主序星阶段的恒星，目前太阳正处于稳定辐射的时期，它内部的氢燃料在剧烈而稳定地燃烧着，使自己核心的温度达到了1 500万摄氏度，这样核心物质会向外辐射出大量光线。但是太阳温度衰减得也很快，等到了太阳表面的时候，温度就只有6 000K了，而这个温度使太阳表面的物质辐射的光线的颜色主要集中在黄色区，结果太阳看起来是一颗散发出金黄色光芒的耀眼恒星。

就现在我们对太阳的认识，太阳是一个距离我们约1.5亿千米远的恒星，它的直径约有139.2万千米，质量是地球质量的33万倍，几乎整个太阳系的质量都集中在太阳身上了。为了更好地研究太阳，科学家们把太阳从核心到边缘分为核反应区、辐射区、对流区和大气层这四个部分，太阳大气层又分为光球层、色球层和日冕层，其中太阳的光线大多是从光球层来的，我们平时看见的太阳，实际上是太阳那明亮的光球层。

◇ 丢失了的太阳中微子

现有的恒星理论认为太阳会向外发射出大量的中微子，这些中微子有三种类型，每一种类型的数量都可以被计算出来。但是人类探测到的中微子数目却和理论不相符，有一种中微子的数目减少了。现在科学家对这个问题的看法是：太阳聚变模型出了问题，或者中微子转变了，现在最新的实验倾向于支持中微子转变说。

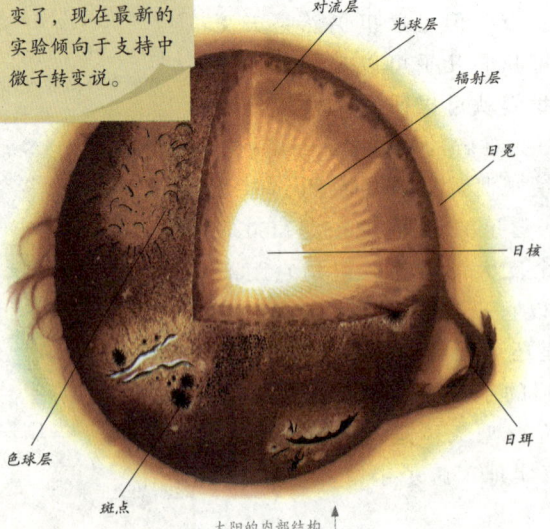

太阳的内部结构

太阳的活动也十分剧烈，有时候我们会看见太阳表面上有一些黑斑，这些黑斑被称为太阳黑子，是太阳光球层上一些较冷的区域。太阳黑子的形成与许多因素有关系，比如对流层物质的运动和太阳磁场的变化等。与此相对应的是太阳耀斑，当太阳的某一块区域的亮度突然增加的时候，这一块区域就显得异常明亮，这种现象就是太阳耀斑。太阳耀斑也和对流层的物质运动有关。有时候太阳表面还会喷发出大量的岩浆，形成一个高度达上10万千米的熔岩喷泉，这种现象称为日珥。日珥会因为温度降低，就在明亮的光球层上形成一道道暗淡的投影，这样就会形成一种称之为暗条的景象。

作为一颗处于中年的恒星，太阳也会向周围空间中抛撒大量的高速粒子，这就是我们常说的太阳风。太阳风对太阳系行星有很大的影响，它刮走了水星上的大气，在地球和土星等行星上制造了激光现象。不仅如此，太阳风还改变了地球磁场的分布，这对地球上人类生活有很大的影响，而太阳风也把太阳系清理得非常干净，星际气体在太阳附近非常少见。

现在科学家认为太阳内部正在进行剧烈的聚变反应，这些聚变反应改变了太阳上物质的成分，但是太阳也含有一些重元素，这些重元素是在前代大质量恒星之中合成的，这些大质量恒星爆发以后，这些重元素被抛撒出去，被原始的太阳吸收，成为自己的组成部分。我们地球上的重元素也是这么来的。

以月球观测者的视角，以色列画家海法描绘出了这张合成影像。一张由"阿波罗"17号拍摄的地球影像中，当日光穿过地球尘埃的大气层后，地球周围环绕着一层红色的薄雾。在图的左上方，太阳刚刚从地球的边缘出现。

天文的故事

水星

当远古的人类仰望星空的时候,闪烁着明亮星光的行星——水星很快就被人类觉察到了,不过水星并不能自己发光,它只是反射了太阳光而已,太阳系内其他的行星和卫星也是如此。水星是离太阳最近的一颗行星,它虽然名为水星,但是却没有一滴水,这是因为水星上的温度很高,即使有一点水,也会蒸发到大气中,最后被强烈的太阳风刮走。水星上温差特别大,最低的时候可以达到零下100多摄氏度,而最高的时候会达到400多摄氏度,这是因为水星上大气及其稀少,所以热量无法有效地传递。

从大小上来说,水星是现在八大行星中最小的一个,甚至一些行星的卫星也比它要大,而它自己没有卫星,这也是太阳系里没有卫星的两颗行星之一,另外一颗是金星。因为距离太阳近,水星运行的速度也很快,它围绕太阳转一圈大约需要87天的时间,而自己自转一周大约需要57天的时间,这样当水星自转三周后,它围绕太阳旋转了两周,如果我们能在水星上生活,就会发现要过两年时间,总能看到一次日出日落。而且当白天太阳升到一定程度的时候,还能看见太阳向后倒退的现象。

在历史上牛顿建立起万有引力定律以后,这个理论

水星的内部结构
硅酸盐外壳
铁质核芯
岩石质硅酸盐地幔

水星凌日示意图

成功地解释了太阳系天体的运动,但是对水星的运动却有点无能为力,因为水星轨道轴线在慢慢地改变,这种现象被称为水星轨道运动,而利用牛顿力学计算的水星轨道总是和实验观测结果有一些差别。当时人们都认为这是因为一颗未知的行星扰乱了水星的运行,所以水星的轨道才产生了出乎意料的变化,而且这颗行星被人们称为祝融星。在20世纪初期,爱因斯坦在提出广义相对论以后,提出了新的解释水星轨道运动的原因,这个时候人们才放弃了寻找祝融星的计划,而这个例子也成为广义相对论最有力的事实支持之一。

水星也有剧烈的地质运动,现在人们在水星上发现了许多火山、盆地和平原,这些地质构造说明水星曾经经历过火山喷发等剧烈的地质运动。另外,和其他星球一样,水星也免不了被陨石撞击的遭遇,因为大气稀薄,因此这些陨石坑保存得也非常完好,坑坑洼洼的陨石坑向我们展示了水星曾经遭受的创伤。

虽然水星与我们地球之间的距离比较近,但是人们至今还没有对水星进行过仔细地观测,因为水星太靠近太阳了,许多精密的光学天文望远镜都不敢直接观测水星,害怕望远镜里的精密仪器被强烈的阳光破坏。后来,人类向水星发射了探测器,获得了一些关于水星的数据,这些数据帮助我们更好地认识水星。

直到今天,人类依然渴望更多地了解水星,通过研究水星,我们可以窥探太阳系形成早期的一些奥秘。

◆ 水星名称的变化

在古希腊,因为人们还没有发现水星运行的规律,因此把同一颗行星误当作是两颗行星,于是给它起了两个名字,分别是阿波罗和赫耳墨斯,意指这颗行星是太阳神或众神的使者,直到后来古希腊天文学家发现这原来是一个行星,它才得到一个统一的名字——莫丘利。

金星

古代中国人发现有一颗明亮的星星会在太阳升起以前,在东方天空发出明亮的光芒,于是就给它起名为启明星。而有时候,但太阳刚刚下山,就有一颗亮星出现在天空西方的彩霞之中,于是就称这颗星为长庚。后来经过不知道多少代人的观察,人们终于发现这两颗星星原来是同一颗星,并称它为金星。

金星是离太阳第二近的大行星,在所有的太阳系大行星当中,它的体积只比水星大,但是和水星不同的是,金星有厚厚的大气。金星的大气可不像地球上的空气,它的大气的主要成分是二氧化碳,而二氧化碳是出了名的保温气体,在温室效应下,火星上的温度很高,大约有450多摄氏度。火星大气中也含有硫磺,这些硫磺是从喷发的火山中来的,它们把火星的乌云染得一片金黄。因为火星中不同层大气因为运动速度不同,它们之间距离的摩擦产生了带有不同性质电荷的云,当两片带有不同性质电荷的云相遇的时候,强烈的闪电就会在两层乌云之间穿过。

金星围绕太阳公转一周需要224.7天,而自己自转一周却需要243天,也许有的人会依据这个认为金星上的白天和黑夜时间很长,实际上金星上的白天和黑夜的时

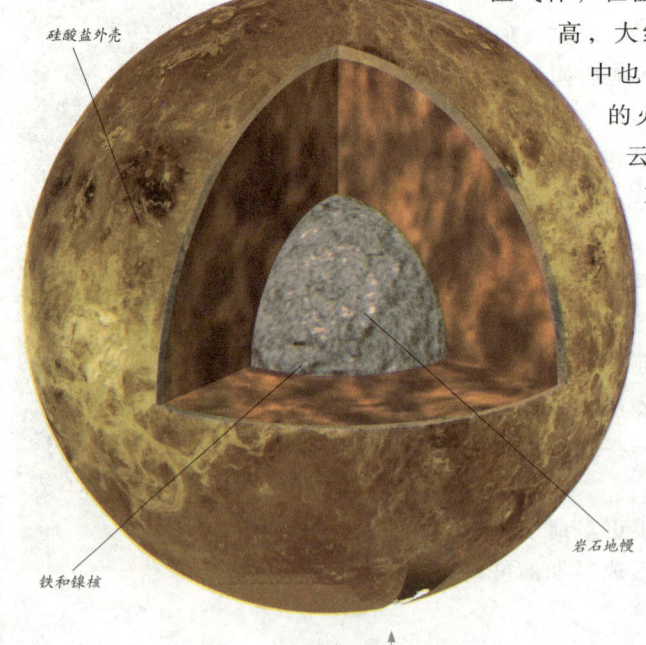

硅酸盐外壳

铁和镍核

岩石地幔

金星的内部结构

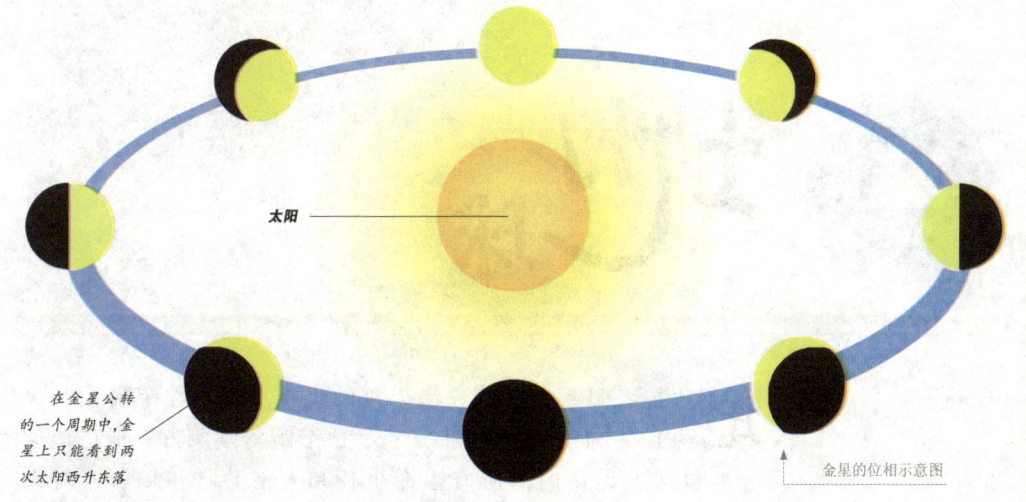

在金星公转的一个周期中，金星上只能看到两次太阳西升东落

金星的位相示意图

间要比想象的短得多，因为金星的自转方向和地球是相反的，所以虽然金星的自转速度很慢，它的一个半球面被太阳照射的时间比它自传周期的一半要短得多。金星的运动还有一个特点，就是它的轨道是所有大行星中最接近正圆的。因为金星离地球近，而且自己的体积又比较大，因此，在我们看来，它非常明亮，在正常情况下金星的视星等非常高，在晚上它的亮度仅次于月亮。

对金星表面影响最大的是来自它内部的岩浆，这些岩浆从金星表面薄弱的地方喷发出来，形成一个个火山，而它们的岩浆则在金星表面四处横流，构成了一个个平坦的平原。在太阳系里每一个大行星都曾经遭受陨石的袭击，环形山就是这些陨石撞击留下的遗迹，但是金星浓密的大气保护了它的表面，当陨石从天而降的时候，它们在落到地面以前就焚烧殆尽了，即使一些大陨石能够落到金星的表面，通常也已经在大气中炸裂了，然后在金星表面留下一些较小的环形山。现在金星上高度最高的一座山有1万多米高，比地球上最高的山峰珠穆朗玛峰还要高，而金星上一条穿越赤道的峡谷长达1 200千米。

为了进一步了解金星，人类向金星发射了几次行星探测器，从1961年前苏联向金星发射第一颗人造探测器"金星"1号起，人类已经陆续向金星发射了十多次探测器了，这些探测器近距离探索金星，并且获得了很多关于金星的资料，帮助人类认识这个离我们最近的大行星。

金星凌日

因为金星处于地球和太阳之间，所以有时候我们会看见金星的影子从太阳表面经过，这种现象就是金星凌日现象。金星凌日现象是以组来分周期的，每组金星凌日之间的时间间隔有数10年，而一组金星凌日包括两次金星凌日现象，这两次现象之间间隔的时间是8年。对于太阳系来说，只有水星和金星才能产生行星凌日现象。

地球

地球是太阳系里一颗充满生机的大行星，它在距离太阳大约1.5亿千米的轨道上运行，这个距离刚刚好，于是地球成为包括人类在内的所有生命生长和繁衍的唯一场所，对人类具有决定性影响，被人类称为生命的摇篮。我们都知道我们所在的星球叫作地球，这也是这个星球最常用的名字，它还有另外一个名字，就是盖亚，这是古希腊神话传说中大地之母的名字。

地球是所有天体中最被我们熟知的天体，因为它是我们的家园。我们知道地球上有广阔的太平洋，最大的大陆是欧亚大陆，最高的山峰是珠穆朗玛峰，最低的海沟是马里亚纳海沟，而且现在地球也是我们所知的含水量最大的太阳系行星，除了海洋里含有的大量海水以外，陆地上也有大量的江河湖泊，储存了大量的淡水。

据考证，地球的年龄至少有46亿年了，在这46亿年的时间里，地球从一个普通的行星发展到今天，成为一个生机盎然的世界，这与地球的运动有着十分紧密的联系。地球在太空中围绕太阳运行，而且自身也在不断地转动，于是地球上有了白天和黑夜，有了四季交替变化，而因为地球的形状大致上是一个球形，所以产生了气候不同的区域。

在地球的高纬度区，就是我们通常所说的极地，是一个气候十分寒冷的地区，斜照在这里的阳光丧失了很多能量，显得十分微弱，而

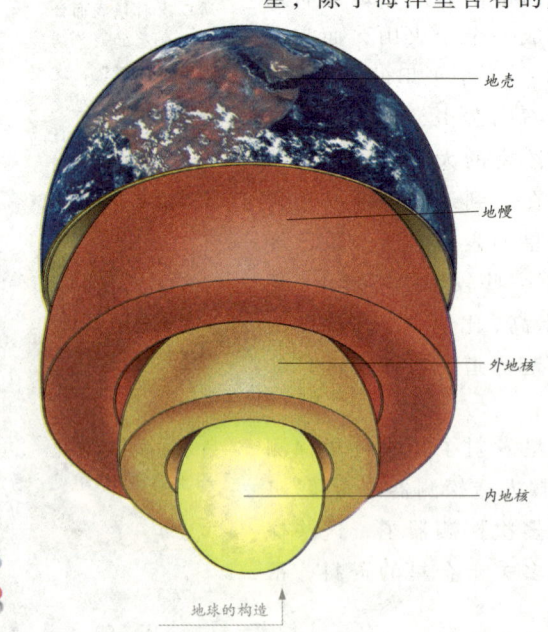

地壳
地幔
外地核
内地核

地球的构造

极地覆盖的厚厚的冰雪又把大量的阳光反射出去,更降低了极地的气温,要不是有海洋,这里的温度可能会更低。在极地,只有一些非常耐寒的动物才能生存下去。

从极地向赤道出发,我们首先来到了寒带,这里平均气温只比极地高一些,植被以针叶树木和草类居多,因为天气寒冷,只有少量的动物可以在这里生存。地球上一些寒带地区还有部分草原,这里没有什么高树,而是各种野草的世界。

12月22日是南半球夏季的开始,也是北半球冬季的开始

6月22日是北半球夏季的开始,也是南半球冬季的开始

四季形成示意图

温带处于四季分明的纬度上,世界上大部分国家都处在温带。当春天的脚步来临的时候,这里万物开始复苏,植物开始发芽,冬眠的动物开始寻找食物。随后就是炎热的夏季,因为充沛的降水,植物迅速生长,把这里装扮成一个翠绿的世界,很多动物也换上了凉快的短毛。转眼间秋天到了,因为气候变冷,植物开始为冬天准备,高大的树木的叶子落了,草也枯萎了,动物也开始准备过冬的食物。而在寒冷的冬天里,温带仿佛进入了寒带荒漠般荒凉的世界,一切又重归寂静。

在地球上平均温度最热的热带地区,这里有广阔的海洋,大片的热带雨林,以及数量繁多的生物物种,成为地球上生物生存最重要的区域。

因为地球的轨道在慢慢地变化,因此,我们头顶的星空也在变化,这对我们观测星空也有很大影响,比如我们知道现在的北极星是小熊座阿尔法星,但是在数千年前地球上的人看到的北极星是天龙座阿尔法,这是因为地球岁差造成的,但不管怎样,目前地球仍然是人类观测宇宙的唯一平台。

◆ **地球的形状**

自古以来人们对地球的形状就有争论,因为落后的观测手段,在上千年的时间里大多数人认为大地是平坦的,而天空是弯曲的,直到16世纪麦哲伦环球航行成功以后,人们才互相信地球是球形,但是这个时候争论又集中在地球是椭球还是扁球形。今天通过精确的测量,我们知道地球赤道直径比两极之间的直径大,而地球中心到南极的距离比到北极的距离短,这样地球成为了一个具有特殊形状的天体。

月 球

月球是距离我们最近的自然天体，科学家们对于月球陪伴了地球的时间还没有统一的意见，有的人认为它是和地球一同诞生的，有的人认为它是被地球俘获的天体，而现在的科学探测表明月球的年龄和地球很接近。不管它是怎么来的，月球是我们地球唯一的天然卫星，也是目前唯一一个被人类亲自探索的天体。

在人类出现以前很早的时候，月亮就开始照耀着大地，于是人类把月亮当作是天空中最重要的天体之一，实际上直到今天它依然是最重要的天体。第一个用望远镜仔细观测月球的科学家是伽利略，他用自制的望远镜发现了月球上有大片阴暗区域，但是却以为这里被海水覆盖，称这里为海洋，并为这个海洋取名为静海等，直到更加先进的天文望远镜出现以后，天文学家们才发现这里只是月球表面低洼的地区。在月球上有很多环形山，考虑到月球无法产生火山，科学家认为这些环形山极有可能是撞击在月球上的陨石造成的，因为月球上没有大气和水流，因此，这些陨石撞击的遗迹完好地保存了下来。现在人类找到

月球表面

的月球上最深的环形山是牛顿环形山，它的深度有8 700多米深。

因为月球围绕着地球运转，所以它的面庞每天都在发生变化，有时候像一个月牙，有的时候像一个银盘。因为月球自传周期和它围绕地球运转周期是同步的，因此，在地球上永远只能看到它的固定的一面，而它的背面是看不到的，直到现代人类向月球发送了探测器以后，月亮背面的样子才被人类发现。月球围绕地球旋转的轨道并不是正圆，而是一个椭圆，这样它的轨道就有近地点和远地点，当月球运行到近地点的时候，它的自转速度要比公转速度慢一些，这样它就会把背面的一小部分露出来，被地球上的观察者看到，月球运行到远地点的时候，它的自转速度又比公转速度快，这个时候它也会把背面的一部分露出来，这样我们实际上可以看到月球的大半部分，月球的这种运动就被称为天秤动。

月球上的第谷环形山

月球围绕地球旋转一周只需要27天多的时间，但是我们观测到的一个月的时间是29.5天，这是因为月球在自传的时候，还在和地球一起围绕太阳运转，所以我们在地球上观察到的一个月的时间要比月球实际公转速度快一些。

月球在围绕地球运转的时候，有时会遮挡住射向地球某个区域的阳光，于是在这个地方的人看来，太阳缺少了一部分，或者几乎完全消失，只留下一串珍珠般的明亮斑点，这种现象就是日食。有的时候，月亮会运行到地球背面，被地球遮挡住，这个时候的月球变成了一个暗红色的星球，这就是月食的成因。

虽然月球距离我们很近，而且人类也曾经登上了月球，但是仍有很多不解之谜等着人类继续去探索。

◆ 寂静的世界

月球上没有空气，所以不可能传播声音，即使是近在咫尺，登月宇航员也只能用无线电来互相通话，所以这里是一个寂静的世界，即使一个陨石撞击到月球表面，也不会出现巨大的爆炸声。月球的质量比地球小得多，因此它对物体的吸附能力也小得多，一个在地球上能跳1米高的人，在月球上可以跳6米高，不过没有哪个航天员会检验这个理论，因为在月球上跳高是不明智的。

火星

火星是一颗散发出火红色耀眼光芒的行星,它不停地穿梭于众星之间,犹如战神一般,因此,古希腊人用战神玛尔斯的名字来命名这颗行星。火星虽然明亮,但是它的亮度却是在周期性改变的,这与它离地球的距离有关,在最暗的时候,火星的视星等达到了 1.5,仍然是一颗明亮的行星,但是在最亮的时候,它的视星等达到了-2.9,比全天最明亮的恒星天狼星还要明亮。由于火星的亮度不断地变化,而且位置也不固定,因此,古代中国天文学家称火星为"荧惑"。当这颗行星在天球上的投影运行到超红巨星心宿二附近时,这种天象就称为"荧惑守心",在地面上的人看来这两颗星星非常接近,而实际上它们之间相距很远。

火星是一个比水星略大的行星,它的轨道距太阳的平均距离是2.2亿千米,其自转周期与地球很接近,大约是 24.6 小时,但是它的公转周期却有 686 天,几乎相当于地球公转周期的两倍。火星之所以是火红色,这是因为它表面物质中含有较多铁的氧化物,这些物质会把射入火星的阳光中的红色和黄色光反射出来,使火星反射的红色和黄色光增加,所以它的颜色就偏向于橘红色。正是因为这样,火星获得了一个"生锈的世界"

围绕地球旋转的哈勃空间天文望远镜于 2003 年 6 月 26 日拍摄了这张照片,当时火星距离地球约 6 800 万千米,是自 1988 年以来距离地球最近时。

的称号。

火星上也存在大气，它的大气的主要气体成分是二氧化碳，虽然二氧化碳是保温气体，但是火星表面的平均温度是零下63摄氏度，非常寒冷，这是因为火星上的大气非常稀薄，不容易积攒热量，所以火星上的温室效应不太明显。火星一共有两个卫星，它们分别是火卫一和火卫二，它们的正式名称是福波斯和德瑞斯。火卫一的直径只有3 000多千米，看起来好像一个病怏怏的马铃薯，从个头上来说，它算是太阳系行星卫星中比较小的一颗；火卫二的

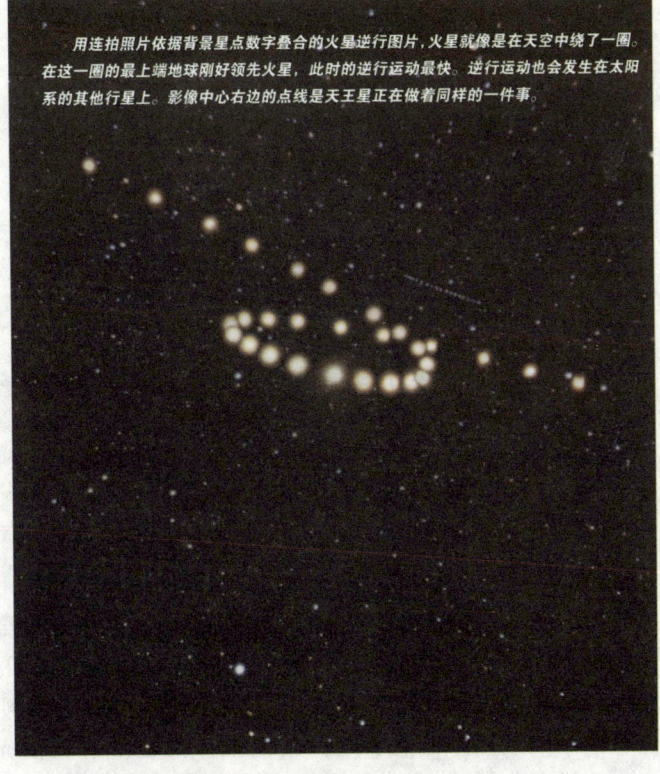

用连拍照片依据背景星点数字叠合的火星逆行图片，火星就像是在天空中绕了一圈。在这一圈的最上端地球刚好领先火星，此时的逆行运动最快。逆行运动也会发生在太阳系的其他行星上。影像中心右边的点线是天王星正在做着同样的一件事。

直径只有12.6千米，是太阳系里最小的行星卫星，因为这两颗卫星的一些性质和小行星带上的小行星非常相似，因此，一些科学家推测这两颗卫星是从小行星带中被抛出来后，被火星俘获，成为火星卫星的。

在9世纪的时候，意大利天文学家斯基阿帕雷利用一架天文望远镜观测火星表面的时候，发现火星表面有模糊的直线条。这个发现引起了一位美国人洛韦尔的注意，他经过多年的观测，证实了斯基阿帕雷利的发现，并且提出这些直条是火星人开凿的人工运河，当时天文观测手段落后，所以没有哪个天文学家能反驳洛韦尔的猜测。洛韦尔在公布了自己的发现和猜测以后，人们立刻对火星生命产生了很大的兴趣，最后直到美国发射火星探测器以后，这场火星人闹剧才慢慢停止。

在20世纪70年代，火星探测器"海盗"1号发送回来一张照片，照片上竟然有一个酷似人脸的大型物体，这张照片又一次引起了人们关于火星人的争论，不过现在更精确的照片证实这个所谓的人工建筑只是一座普通的山峰。

◆ **火星上的大峡谷**

在火星赤道附近，有一个巨大的峡谷，这个大峡谷被称为水手峡谷，它约有3 000千米长，最宽的地方大约有600千米，最深的地方超过了8千米，像一道巨大的伤疤一样躺在火星的表面。科学家推测这个峡谷可能是火星剧烈的地壳运动造成的。

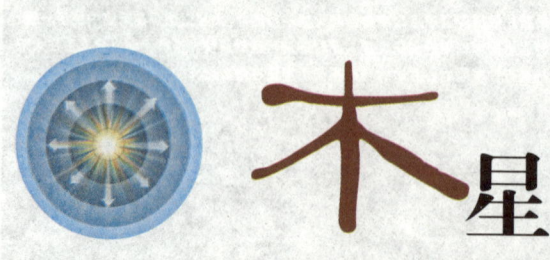
木星

木星是太阳系行星中最庞大的一颗行星,它的质量比太阳系所有行星质量之和还要大,但是它的体积也非常庞大,半径约有7.15万千米,它的轨道到太阳的平均距离大约是7.8亿千米,绕日公转周期大约是12年。因为木星绕日公转的时间正好使它穿越黄道一周,所以木星也称为岁星,被用来计年。

从地球上用肉眼看来,木星是天空中一颗非常明亮的行星,它的亮度只比太阳、月亮和金星低,有的时候火星的亮度会超过它,也正是因为自己的明亮程度,早在史前时期,木星就被人类认识了,尽管在这些明亮天体中只有太阳才能自主发光,其他天体都是反射太阳光的,但是在古人看来它们就是天空的主宰。

木星是一个被厚厚的大气围绕的行星,它的核心是由密集的固态物质凝聚而成的,而对它的直径大小贡献最大的是自己的大气,因此它和地球等类地行星完全不同,是一个巨大的气体行星。不像其他行星,木星的大气主要是氢气和氦气,这使它看起来像是一个失败的恒星,但是因为它的质量太小,而且有一个石质的核心,因此,它只能被当作是行星。据推测,当原始的太阳在形成后产生了剧烈的爆炸,有许多的物质被抛撒出去,形成了各个行星。而位于现在

木星的五个卫星

木星这个位置的物质较快地组合在一起，形成一个大质量的行星核，而被新生的太阳吹出的太阳风所激发的氢气分子和氦气分子正好在这里特别集中，于是就有许多氢气和氦气被吸附到行星核上，把行星核重重包裹起来，最终演化为木星。

木星大红斑是个已存在数百年的巨大风暴系统

"旅行者"号探测器携带了最尖端的技术，对木星进行探测。

木星并不是孤独地存在于宇宙之中的，目前人类发现木星至少有16颗卫星，其中木卫一到木卫四这四颗卫星都是伽利略率先发现的，而且他通过分析认为这些卫星都没有绕地球旋转，这成为打破地心说的最有力的证据之一。

木星在太阳系中是一个非常奇特的行星，因为它的外围都被厚厚的大气包裹着，因为温度剧烈降低，它的大气中一些气体开始液化和固化，因此，在木星的表面是一个冰冷的世界。极低的温度，再加上巨大的压强，即使是难以液化的氦气在木星表面都成为了液态，而氢则变成了液态金属氢，正是这层流动的金属氢为木星建造起强大的磁场。

每一个看到木星照片的人都会被它那多变的色彩所吸引，在木星不同的纬度上有着不同颜色的条带，这些条带把木星装扮成一个系着不同颜色束带的庞然大物。科学家推测这些不同的颜色是因为这些大气中含有少量不同物质造成的，当木星大气剧烈地运动的时候，这些物质就会随着木星大气产生变动，于是我们就看见一个充满了红色、黄色和白色的行星。

为了更好地探索木星，人类已经向木星发送了好几颗探测器，其中最有名的就是"伽利略"号木星探测器，它以很近的距离对木星做了详细的观测，向地球发送回来了许多有价值的数据，帮助人们更深刻地了解了木星的运动和大气变化。在完成任务以后，"伽利略"号探测器最后坠毁在木星上。

◆ 木星的大红斑

早在3个世纪以前，天文学家就观测到木星上存在一个巨大的红斑，这个大红斑的体积比两个地球还要大。现在科学家认为这里是木星大气中的高压区，这里的气体比周围环境的温度要低，导致大气密集，因此，它的颜色也要比木星其他地方鲜艳，在我们看来，它就是一个大红斑。

土星

◆ **土星极光**

在土星上也会出现像地球上的极光一样的景象，这是"先驱者"11号在经过土星时无意间发现的。现在科学家认为土星极光也是由高速带电粒子撞击土星大气分子引起的，不过土星极光存在的时间很长，而且变化也慢，所以一些科学家对此提出了不同的看法。

和木星一样，土星也是一个巨大的气体行星，它的大小和木星差不多，但是质量却要比木星小得多，因此它的密度非常小，如果我们可以把土星放在一个巨大的海洋里的话，那么我们会看到它漂浮在水面上。

土星轨道平均距离太阳约14.3亿千米，因此，它在自己的轨道上运动一圈需要大约29.5年的时间。虽然土星公转周期比较长，但是它的自转却很快，由于土星外层也是由浓厚的气体构成的，因此，土星不同纬度的自转速度不一样，其中自转速度最快的区域是土星赤道，在这里自转周期只有10个小时多一点。土星上也有四季，虽然它的夏季持续的时间长达7年，但是因为土星距离太阳实在太远，所以即使在夏季，土星的温度也很低，只有大约零下140摄氏度。现在人们认为土星也有一个坚固的行星核，行星核外层是固态冰层，冰层外面则是液态金属氢和其他液态气体，而液态气体外面则是土星大气，其主要成分仍然是氢气和氦气。

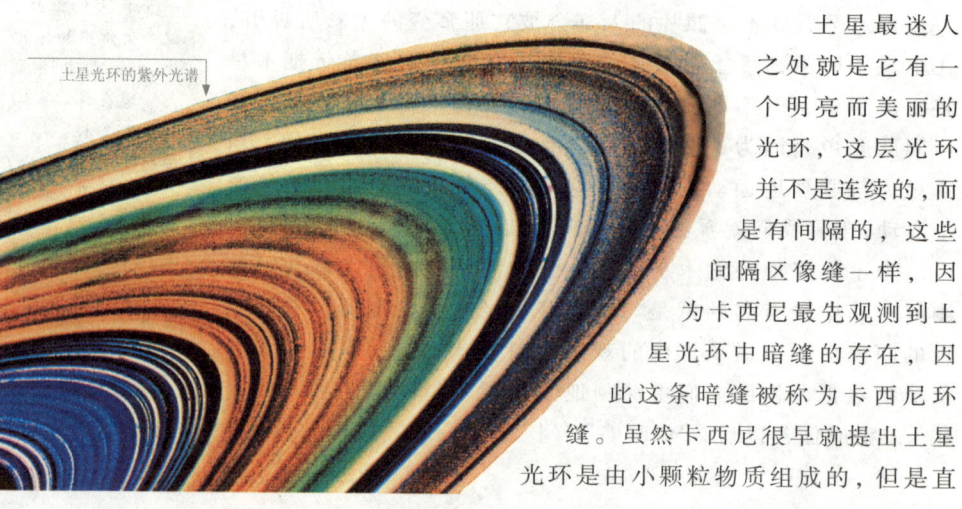

土星光环的紫外光谱

土星最迷人之处就是它有一个明亮而美丽的光环，这层光环并不是连续的，而是有间隔的，这些间隔区像缝一样，因为卡西尼最先观测到土星光环中暗缝的存在，因此这条暗缝被称为卡西尼环缝。虽然卡西尼很早就提出土星光环是由小颗粒物质组成的，但是直

土星和它美丽的光环

到 20 世纪科学家用分光探测才证明了他的想法是对的。因为土星在绕太阳公转的时候，就会以不同的方向对着地球，这样它的光环也会以不同的角度面向地球，当光环正面面对地球的时候，我们就可以看见明亮而清晰的土星光环；当土星光环侧对着地球的时候，它就变得模糊不清，甚至完全看不见。

早在 19 世纪中叶，麦克斯韦就从理论上证明了土星光环是无数颗围绕土星公转的小卫星构成的，但是今天如果我们把土星光环中所有的颗粒都看作是土星卫星的话，那它就成为太阳系卫星最多的行星了，所以现在我们只把那些异常明亮的光点才当作是土星的卫星。土星光环中大多是冰块，其中夹杂着许多石块，而卡西尼环缝里并不是一无所有，而是有一些反光率很低的石块物质。

土星是目前太阳系拥有卫星数目最多的行星，在 20 世纪 80 年代的时候，人类就已经发现了至少 17 颗土星卫星，但是科学家相信土星还拥有更多的卫星。在土星所有的卫星中，距离最近的是土卫十，它距离土星只有约 16 万千米，如果再降低一些，这颗卫星就要被庞大的土星吞噬了。土星的卫星种类多样，每颗卫星的构成成分也有很大差别，比如有的土星卫星拥有复杂的内部结构，而有的卫星则十分简单，就是一个大块的石头。

土星大气运动也比较剧烈，它上面有时候会出现一个巨大的白斑，甚至比地球还要大，因此这个白斑也成为土星的标志。和木星的大红斑不同的是，土星的白斑持续的时间要短得多，科学家推测土星白斑的形成和土星上的氨和土星运动有密切的关系，每隔大约 30 年，土星白斑就会出现一次，这个白斑一般只持续几个月时间，所以很难观测到。

土星和它的卫星

天王星

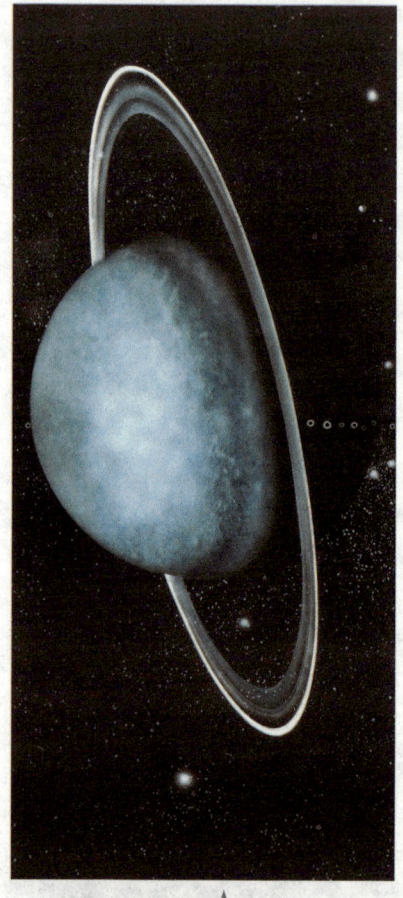

天王星的公转周期相当长，每84年绕太阳一周，平均每天只移动46"，不容易与恒星区分，历史上曾多次被误认为是恒星而被载入星图。

1781年3月13日，英国著名的天文学家威廉·赫歇尔在用自己制作的天文望远镜观测天空的时候，无意中发现了一颗以前没有记录的星体，他误以为那是一颗恒星，并以当时英王乔治三世的名字来命名它。但是后来其他天文学家的观测证实这颗新发现的天体实际上是一颗围绕太阳公转的行星，最后这颗行星被命名为天王星。

天王星是近代发现的第一个新行星，它距离太阳约28.7亿千米，是太阳系第三大行星。和木星、土星不同的是，这个行星主要是由岩石和冰块组成的，它的大气中大部分是氢气，还有一些氦气和甲烷，但是从整个天王星的物质组成来看，气体只占很少的一部分，而木星、土星主要是由气体构成的。因为天王星大气中含有少量的甲烷，当阳光照射到天王星以后，这些甲烷把阳光中的红色光都吸收了，于是被反射出去的光大多是蓝色和绿色的光，于是我们就看见天王星是蓝绿色的。

天王星是继土星之后第二个被发现带有光环的行星，它的光环中的物质主要是那些漂浮在轨道上的石块和灰尘，这样的光环的反光率很低，因此，天王星的光环十分暗淡，难以观测。

天王星最大的特点就是它是一颗躺着旋转的行星，不像其他恒星那样，天王星的极地对着太阳，而赤道地区很难见到阳光。天王星在自己的轨道上运转一圈需要84年，这样天王星上的四季和昼夜变化就非常奇特了。当天王星的南极对

天王星的卫星

着太阳的时候，这里就进入夏季，也进入了白天，这个白天非常漫长，要持续长达 42 年的时间；当白天过去以后，接踵而来的就是漫长的黑夜，同时也是寒冷的冬天，这个黑夜也要持续 42 年的时间。从天王星被发现到今天，它只围绕太阳旋转两圈半，只过了 3 个夏天和 2 个冬天。天王星也会自转，它的自转周期可短得多了，只有 15 个小时，不过这对天王星的白天黑夜变化影响不大，只有赤道附近极小的区域里会因为天王星的自转而产生昼夜的变化。天王星的自转方向和其他星球不一样，因为它是躺在轨道上的，所以我们看它的自转，就好像我们站在地球南极上空看地球自转一样。时至今日，人类还不知道天王星为什么会躺在轨道上旋转。

天王星也是一个拥有众多卫星的行星，到现在为止，人们已经找到了 17 颗围绕天王星运转的卫星，这些卫星大小不一，其中最大的卫星是天卫四，它的直径约有 1 600 多千米，而最小的卫星的直径只有 480 多千米。这些众多的卫星可能是来自宇宙空间之中，它们在运动的时候因为过于接近天王星，因此被天王星俘获，成为了天王星的卫星，围绕着天王星转动。

现在唯一一艘接近过天王星的探测器就是"旅行者" 2 号，它在靠近天王星的时候曾经拍摄了大量天王星的照片，并发现了很多天王星的卫星，它的发现也激励了人类探测天王星的好奇之心。

◆ 天王星轨道的变化

自从天王星被发现后，天文学家很快就发现天王星的轨道和理论计算的不符合，于是有一些科学家猜测在天王星附近还存在一颗大行星。最后人类找到了这颗大行星，它就是海王星，这个事实不仅证明了牛顿万有引力定律的正确性，而且还为新行星的发现开辟了道路。

海王星

海王星是近代发现的第二颗大行星，有趣的是它第一次出现不是在天文望远镜里，而是在科学家的笔尖上，因为这颗大质量的行星对天王星的轨道产生了非常明显的影响，所以亚当斯和勒维耶通过这个影响计算出了海王星大概的运行轨道。1846年9月23日，德国柏林天文台长伽勒在勒维耶计算的区域内找到了这颗新行星，证实了天王星轨道变化的确是由其他行星的吸引造成的。后来这颗新行星被命名为海王星，海王星也被人们称为"笔尖上的行星"。

海王星轨道距离太阳大约有45亿千米，它围绕太阳公转一圈需要164年，从被发现到现在，海王星还没有走完一圈轨道，但是海王星自转的速度却很快，只要22小时，它就可以自转一周。海王星的结构和天王星十分相似，它也有一个由岩石和冰组成的行星核，它的大气的主要成分是氢和氦，还含有少量甲烷等气体，这些气体使它成为一个蓝色的星球。因为海王星离太阳实在太遥远了，因此，在海王星上看到的太阳十分昏暗，而整个海王星几乎是没有白天的世界。远离太阳的另外一个结果就是温度极其低下，据推测，海王星上的温度只有零下220摄氏度左右，在这样的低温下，海王星表面许多气体都凝固成冰。不过有的科学家认为海王星获得的阳光无法维持这个温度，海王星的温度可能会

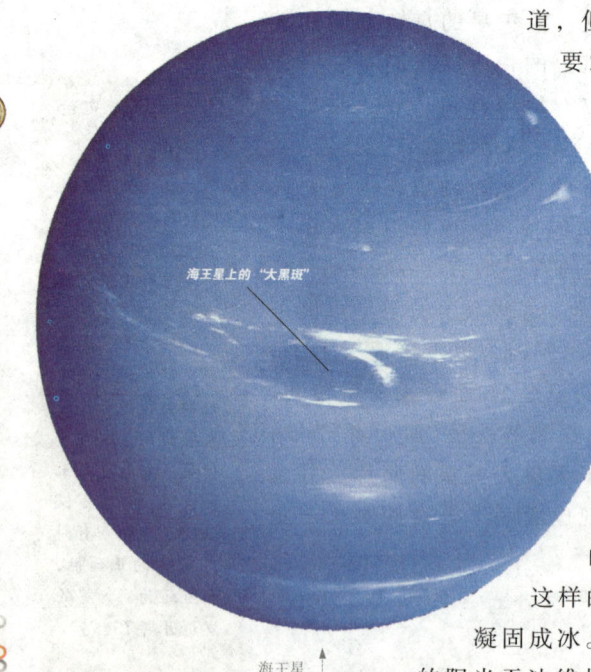

海王星上的"大黑斑"

海王星

继续降低。

作为一个气体行星,虽然海王星上十分寒冷,但是它表面的风暴却非常猛烈。据探测,海王星上风暴的速度是太阳系所有行星风暴中速度最快的。在"旅行者"2号探测海王星的时候,它还发现了一块巨大的黑斑以很快的速度扫过海王星表面。这个黑斑就是海王星上剧烈的大气运动的证明,不过因为现在观测资料实在太少,所以科学家还不能确定大黑斑形成的原因和它的性质。

海卫一拥有太阳系中最冰冷的表面(零下235摄氏度),它被冻结的氮和甲烷所覆盖。

现在人类已经知道海王星至少有8颗卫星,除了个头较大的海卫一以外,其他7颗卫星都是"旅行者"2号发现的,海卫一的半径约有1 300多千米,是海王星最大的卫星,而其他的卫星都非常狭小,最小的卫星海卫三的半径只有29千米。现在,通过分析观测资料,一些研究者提出海王星卫星海卫一可能具有大气,它的大气中含有甲烷,如果这个推测得到证实,那海卫一就成为太阳系里第二颗具有大气的行星卫星。

作为一颗巨大的气体行星,天文学家们纷纷对海王星是否具有光环非常感兴趣,并做过多次观测,但是始终没有发现海王星光环的踪迹。20世纪80年代,天文学家们希望通过观测一次海王星遮掩恒星的天象来确定海王星是否具有光环。当掩星天象开始的时候,很多天文学家观测到恒星在被海王星遮挡住以前,亮度发生了周期变化,这证明了海王星的确具有一条不连续的光环,后来当"旅行者"2号对海王星做了近距离探测以后,天文学家们确定了海王星的确具有5个光环。

◆ 幸运的观测

因为19世纪以前天文学家观测存在误差,所以亚当斯和勒维耶的计算结果与海王星实际运行轨道有差别,如果当时伽勒没有立即按勒维耶的推测去观测,而是晚几年去观测,那么他可能就无法发现海王星了。

彗星

在人类进入文明史以前，人类就发现了一类带着长长的尾巴的星体，这种星体就是彗星。隔上一段时间一颗彗星就会来一次，因为它的样子实在是古怪，地球上很多古老民族都认为彗星是不祥的征兆，但是今天，我们知道了彗星与人类生活关系不大，只要它们不是来地球做客就行。

遥远的彗星不是很明显，因此很难辨别，但是它接近太阳的时候，彗星就会发生变化。首先，因为靠近了太阳，所以彗星头部的物质会变得发散，使自己体积变大；其次，强烈的太阳风会把彗头上一部分物质吹散，这些被吹散的物质脱离了彗头，飘散在彗星背后，形成一个十分巨大的尾巴。因为彗星的尾巴是太阳风吹出来的，所以彗星的尾巴一般都是背对太阳的。

现在我们知道彗星上的物质大多是冰，只有彗核部分是坚固的物质组成的。当彗星从遥远的太空飞向太阳的时候，它们的亮度也会变得越来越高，这是因为在靠近太阳的时候，彗头的表面积增大了，不仅如此，彗星的尾巴也变得更大更明亮了，这个时候在地球上看来，彗星将成为除了月亮和太阳以外星空中最明亮的星体。

考虑到其他行星几乎没有水分，而地球却含有大量的水分，因此，一些科学家猜想地球上的水是彗星带来的，现在支持这个观点的人越来越多了。在太阳系形成早期，那个时候太阳系小天体的数量非常多，而地球也经常被这些小天体撞击，彗星就是这些小天体的一种。彗星携带有大

1997年3月27日摄于意大利的海尔－波普彗星

彗星形成时的运行轨道是圆形的，但是如果它们从距离行星很近的地方经过时，彗星的运行轨道就会在引力的作用下迅速变成非常明显的椭圆形——这就是为什么我们很少在太阳系内看到它们的原因。

量的冰，当它撞击到地球上以后，就会把自己携带的冰也运输到地球上，因为地球的温度高，因此，这些冰融化成为液态水，而海洋也出现在地球上。

虽然从古至今不知道有多少彗星从地球上空经过，但是最著名的彗星却是一颗名叫"哈雷"的彗星，这是为了纪念他的发现者哈雷而命名的。在17世纪的时候，英国著名天文学家哈雷对一颗彗星产生了兴趣，在牛顿的帮助下，他通过努力计算出了这颗彗星的运行轨道和公转周期，并预言这颗彗星会再一次出现，但是哈雷却没有等到这一天。后来，在哈雷预测的时间和位置上，人们果然发现了这颗彗星，于是这颗彗星就被命名为哈雷彗星。哈雷彗星是一颗公转周期为76年的短周期彗星，而天文学家发现了40多颗像它这样的短周期彗星。有一类彗星的运转周期特别长，达到了成百上千年，这一类彗星被称为长周期彗星。周期彗星都是在围绕太阳的椭圆轨道上运转，但是有一些彗星的轨道却是另外一些形状，比如抛物线型，这些彗星最后不是消失在太阳系里，就是一去不返。

现在一些研究者还认为彗星和地球生命的出现有密切的关系，他们认为彗星为地球带来了有机物分子，最终促使生命在地球上出现，因此现在科学家们对彗星研究非常关注。在2005年7月，美国的"深度撞击"号探测器向一颗彗星的彗头发出了一颗撞击设施，供科学家研究彗核的物质构成。

◆ 彗木大撞击

在1992年的时候，一颗彗星因为过于接近木星而被木星俘获，这颗彗星没能成为木星的卫星，在它被发现的时候已经因为结构松散而被木星撕碎，这颗彗星后来被命名为苏美克—列维9号彗星。1994年7月，这颗被粉碎的彗星撞击到了木星表面，使人类第一次实际观测到了太空中天体相撞现象。